山羊养殖实用技术

朱德建 汪 萍 编著

中国农业大学出版社
·北京·

内 容 简 介

　　我国山羊养殖历史悠久，饲草料资源丰富，发展山羊养殖是农民增收的重要措施，对促进国民经济发展、改善人们生活水平有重要的作用。很大一部分山羊养殖者，延续传统的养殖模式，在市场中不具备市场竞争力，规模化、科学化山羊养殖将面临广阔商机。本书系统地介绍羊场建设，山羊品种，山羊的杂交利用，山羊的饲养管理和繁育技术，山羊的饲草、饲料与营养以及山羊的疫病防治。以实用为目的，结合作者的实践经验，简单明了，希望能为畜牧兽医专业学生和山羊养殖者及相关工作者提供一定的帮助。

　　本书由"肉羊高床养殖及配套技术研究应用"项目资助。

图书在版编目(CIP)数据

山羊养殖实用技术／朱德建，汪萍编著. —北京：中国农业大学出版社，2016.6
ISBN 978-7-5655-1594-1

Ⅰ.①山⋯　Ⅱ.①朱⋯　②汪⋯　Ⅲ.①山羊-饲养管理　Ⅳ.①S827

中国版本图书馆 CIP 数据核字(2016)第 113978 号

书　　名	山羊养殖实用技术
作　　者	朱德建　汪　萍　编著

策划编辑	张　玉	**责任编辑**	刘耀华
封面设计	郑　川	**责任校对**	王晓凤
出版发行	中国农业大学出版社		
社　　址	北京市海淀区圆明园西路 2 号	**邮政编码**	100193
电　　话	发行部 010-62818525，8625	**读者服务部**	010-62732336
	编辑部 010-62732617，2618	**出　版　部**	010-62733440
网　　址	http://www.cau.edu.cn/caup		
经　　销	新华书店	**E-mail**	cbsszs@cau.edu.cn
印　　刷	涿州市星河印刷有限公司		
版　　次	2016 年 6 月第 1 版　　2016 年 6 月第 1 次印刷		
规　　格	787×980　　16 开本　　11 印张　　184 千字		
定　　价	36.00 元		

图书如有质量问题本社发行部负责调换

前言

我国山羊养殖历史悠久,饲草料资源丰富,发展山羊养殖是农民增收的重要措施,对促进国民经济发展、改善人们生活水平有重要的作用。羊肉是我国重要的肉畜产品之一,也是我国居民消费占比非常大的肉类,市场对羊肉的需求量日益增多,在家庭饮食、酒店餐厅中占有很大比重。2016年春节,由于羊肉价格处于近几年的低位,所以春节前后羊肉消费量大幅增加,羊出栏量也较往年有所增加,这导致了年后羊存栏量的减少,供求关系的因素,涨价势在必行。据中国肉类协会调查数据显示,长期以来我国羊肉市场还是需求大于供应的局面,发展养羊将会有利可图。另外,山羊养殖将为我国的精准扶贫提供产业支持,这是由于山羊适应性强,饲养管理粗放,可利用草山草坡、农作物秸秆及大量的农副产品下脚料,非常适合放牧和舍饲圈养。

山羊养殖要有一定的技术支撑,许多从事山羊养殖场、养殖小区及生产管理的人员,由于缺少养殖技术,山羊养殖过程中出现了各种问题,养殖效率不高,甚至亏本。本书系统地介绍了羊场建设,山羊品种,山羊的杂交利用,山羊的饲养管理和繁育技术,山羊的饲草、饲料与营养以及山羊的疫病防治。以实用为目的,结合作者的实践经验,简单明了,希望能为畜牧兽医专业学生和山羊养殖者及相关工作者提供一定的帮助。

本书是畜牧兽医专业学生和从事山羊养殖、养殖小区技术人员及生产管理人员的实用参考书,特别是刚刚从事山羊养殖的朋友,更需要了解山羊养殖方面的知识。由于时间仓促,水平所限,错误在所难免,不足之处,请同行批评指正。

本书由"肉羊高床养殖及配套技术研究应用"项目资助。

编著者

2016 年 1 月

目录

第一章　羊场建设

第一节　羊场选址与布局

一、选址

(1)应选择在政府规划的适宜养殖区域建场,土地使用应符合畜禽规模养殖用地规划及相关法律法规要求。

(2)应选择在饲草料资源丰富,交通便利,距离居民区、学校、医院、畜禽交易市场、屠宰场、加工企业、其他畜禽养殖场、铁路、主要交通干道应符合《动物防疫法》及相关规定,饲草地运输距离应在 5 000 m 以内,满足羊场饲草、饲料的供应。

(3)应选择在土地坚实、地势高燥、平坦、开阔、向阳背风、利于排水的地点建场。

(4)应选择在水电供应有保障的区域建场。水源充足,能满足羊场人、畜饮用和其他生产、生活用水,应保证每只成年羊每天饮水 3 kg 左右。

二、布局

应按照生活管理区、生产区、粪污处理及隔离区 3 个功能区进行布局建设。

1.生活管理区

生活管理区应建设在场区常年主导风向上风处,管理区与生产区应保证有 30 m 以上的间隔距离。管理区应建有饲料加工间及仓库、工人食宿设施、兽医药品库、消毒室等。粗饲料库应建在地势较高处,与其他建筑物保持一定防火距离,兼顾由场外运入和再运到羊舍两个环节。

2.生产区

生产区应设在场区的下风位置,应建设种公羊舍、空怀母羊舍、妊娠母羊舍、分娩羊舍、育成羊(羔羊)舍、更衣室、消毒室、药浴池、青贮窖(塔)等设施。种羊舍建筑面积占全场总建筑面积的 70%～80%。

3.粪污处理区及隔离区

粪污处理区及隔离区主要包括隔离羊舍、病死羊处理设施、粪污储存与处理设施。粪污堆放和处理应安排专门场地,设在种羊场下风向、地势低洼处。病羊隔离区应建在羊舍的下风、低洼、偏僻处,与生产区保持 500 m 以上的间距,距粪污处理房、尸坑和焚尸炉 100 m 以上。

第二节　羊舍建设类型及样式

一、房屋式羊舍

房屋式羊舍是农民普遍采用的羊舍类型之一,多在北方地区的平川和土质不好的地区使用。在建造时主要从保温的角度考虑,羊舍主要为砖木结构,墙壁用砖或石块垒成。屋顶有双面起脊式、单面起脊式和平顶式 3 种。羊舍多坐北朝南,呈长方形布局,前面有运动场和饲槽,在舍内一般不设饲槽。

二、楼式羊舍

楼式羊舍主要是在南方气候炎热和多雨潮湿的地区使用。夏季,羊在楼板上休息活动,可以达到通风、凉爽、防热、防潮的目的;冬季,羊可以在楼下活动和休息。

三、棚舍式羊舍

棚舍式羊舍适宜在气候温暖的地区使用。特点是造价低、光线充足、通风良好。夏季可作为凉棚,雨雪天可作为补饲的场所。这种羊舍三面有墙,羊棚的开口在向阳面,前面为运动场。羊群冬季夜间进入棚舍内,平时在运动场过夜。

四、高床式羊舍

这种羊舍多采用钢架结构,主要是在南方气候炎热和多雨潮湿的地区使用。与楼式羊舍相似,只是羊床离地面高度一般在 $80\sim100$ cm,羊粪通过漏缝地板掉落在地面上,有条件的还可以用刮粪板把羊粪刮到集粪池,以便于粪便处理。

第三节 养羊设施及设备

一、饲槽与饲草架

饲槽可用砖和水泥砌成,也可用木料制成。水泥饲槽一般靠羊的一面设有栏杆,木质饲槽可单独放置在栏杆外。成年母羊的饲槽,高 40 cm,深 15 cm,上部宽 45 cm,下部宽 30 cm。羔羊饲槽一般高 30 cm,深 15 cm,上部宽 40 cm,下部宽 25 cm。为了减少饲料的污染和干草的浪费,可采用干草架。为了防止饲料污染导致腹泻,可采用精料自动饲槽,羊只能从 20 cm 宽的缝隙中采食精料。

二、各种用途的栅栏

羊舍内的栅栏,材料可用木料,也可用钢筋,形状多样,公羊栅栏高 $1.2\sim$ 1.3 m,母羊的 $1.1\sim1.2$ m,羔羊的 1 m。靠饲槽部分的栅栏,每隔 $30\sim50$ cm

要留 1 个羊头能伸出去的空隙,该空隙上宽下窄,母羊的为上部宽 15 cm,下部宽 10 cm,公羊的为 19 cm 与 14 cm,羔羊的为 12 cm 与 7 cm。

三、水槽或自动饮水器

水槽要便于清洗,底部要有放水孔。自动饮水器连接水管选用 PRR 管或防腐蚀性能较好的 PE 管。

四、运动场

运动场面积大小根据实际情况确定,一般不少于羊舍面积的 2 倍,选择易于排水的沙质土壤为宜,周围设围栏,围栏要结实,高度 1.5 m 以上,四周应建有排水沟,做到平坦,中央高,四周低,具有良好的渗水性,易于保持干燥等要求。

五、辅助设施

(1)供水设施。羊场可选择建设水塔、水井、蓄水池和压力罐等供水设施。

(2)监控系统。选用分辨率相对较高,具有夜视功能,可旋转的监控摄像头,夜间图像也比较清晰,监视无盲区。

(3)消防设施。根据场区面积装配适当数量的干粉(或泡沫)灭火器和消防栓。

(4)药浴池。长方形,砖混或水泥筑成,池深 1 m,长 10 m 左右,池底宽 50~60 cm,池口宽 60~80 cm,以一只羊能通过而不能转身为度。药浴池入口端呈陡坡,出口端筑成台阶,出口端设滴流台。

(5)草料库。位于生产区内,羊舍的上风向,建筑要符合便于取用的要求,草料库应设防火门,外墙应有消防设施。

(6)饲料加工及仓库。主要包括原料库、成品库、饲料加工间等。原料库的大小根据羊群 1 个月左右所需的原料定,成品库可略小于原料库。饲料加工间要能满足实际生产需要。饲料加工及库房必须干燥、通风良好。室内地面应高于室外 30 cm 以上,地面以水泥地面为宜,房顶应能隔热、防火,配有防鼠、防鸟和防虫害措施。

（7）青贮池或青贮窖。选择地势高燥处修筑,砖混结构,多为长方形,窖的大小可根据饲养规模、饲喂量确定,1 只成年羊应建设 0.4 m³ 以上青贮窖,每个窖以 1～2 d 能将青贮物料添装完毕为原则。

（8）更衣室和消毒室。位于生产区入口处,内设紫外线消毒灯、洗手盆和脚踏消毒池。

（9）粪便污水处理设施。

（10）兽医室。位于生产区下风向。

六、设备

电子秤或机械秤(计量精度≤0.2％)、饲料加工机械、铡草机、割草机、消毒设备等。

第四节　羊场建设的有关设计参数

一、羊舍及运动场面积

成年种公羊的羊舍面积为 4.0～6.0 m²,产羔母羊的为 1.5～2.0 m²,断乳羔羊的为 0.2～0.4 m²,其他羊的为 0.7～1.0 m²。产羔舍按基础母羊占地面积的 20％～25％计算,运动场面积一般为羊舍面积的 1.5～3.0 倍。

二、羊舍温度与湿度

冬季产羔舍 10℃以上,一般羊舍 0℃以上。夏季舍温不超过 30℃。羊舍相对湿度 60％～70％。

三、长度、跨度和高度

羊舍长度根据实际情况确定,一般不超过 100 m。单坡式羊舍跨度一般为 5.0～6.0 m,双坡单列式为 6.0～8.0 m,双列式为 10.0～12.0 m。羊舍檐口高度一般为 2.4～3.0 m。

第五节　羊粪尿的处理

羊粪便中的氮、磷、钾及微量营养素提供了维持作物生产所必需的营养物质,属优质粪肥,具有肥效高且持久的特点,羊粪在传统上大多用作肥料。

羊粪是一种速效、微碱性肥料,有机质多,肥效快,适于各种土壤施用。目前养羊场粪污处理利用的主要方式是用作农作物肥料,即羊粪经传统的堆积发酵处理后还田。还可与经过粉碎的秸秆、生物菌搅拌后,利用生物发酵技术,对羊粪进行发酵,制成有机肥。

一、养羊场粪污处理的基本原则

1.减量化原则

根据粪污来源,通过饲养工艺及相关技术设备的改进和完善,减少养羊场粪污的产生量,不仅可以节约资源,也可以减少粪污的后处理投资和运行成本。

2.资源化原则

羊的粪污中含有的氮、磷、钾等养分,经过适当处理后可生产土壤改良剂或农作物生长所需的有机肥料,资源化利用可实现废弃物处理和资源开发双赢。

羊粪还可以作为蚯蚓的饵料,是大规模生产蚯蚓产品的最佳方法,不需任何投资设备,利用一切空闲地,只要把未经发酵的羊粪做成高 15～20 cm,宽 1～1.5 m,长度不限,放入蚓种,盖好稻草,遮光保湿,就可养殖。

3.无害化原则

羊粪污中含有各种杂草种子、寄生虫卵、某些化学药物、有毒金属、激素及微生物,其中不乏病原微生物,甚至人畜共患病原,如果不进行有效处理,将对动物和人类健康产生极大的威胁,因此必须对羊粪污进行无害化处理,才能充分利用。

二、规模羊场粪污堆积发酵技术

羊粪堆积发酵就是利用各种微生物的活动来分解粪中有机成分,有效地提高有机物质的利用率,这也是目前养羊场最常用的方法。

(一)场地要求

羊粪堆积场地为水泥地或铺有塑料膜的地面,也可在水泥槽中进行。堆粪场地面要防渗漏,要有防雨设施,堆粪场地大小可根据实际情况而定。

(二)羊粪清理与收集

由于羊粪相对于其他家畜粪便而言含水量低,养羊场羊粪便大多是采用固态干粪机械或人工清粪方法,定期或一次性清除。一般很少采用水冲式清粪,因为干粪直接清除,养分损失小。

1. 机械清粪

机械清粪就是利用专用的机械设备替代人工清理出羊舍地面的固体粪便,机械设备直接将收集的固体粪便运输至羊舍外,或直接运输至粪便储存设施。

刮板清粪是机械清粪的一种,已在部分养羊场使用。刮板清粪主要是通过电力由钢丝绳带动刮板形成一个闭合环路,刮板清粪装置安装在漏缝地板下的粪槽中,清粪时,在粪槽内单向移动,将粪槽内的粪便刮到羊舍外污道端的集粪池中,然后再运至粪便储存设施。

刮板清粪的优点:能做到随时清粪,时刻保持羊舍内清洁;机械操作简便,工作安全可靠;其刮板高度及运行速度适中,基本没有噪声,对羊不造成负面影响;运行和维护成本低。

刮板清粪的缺点:钢丝绳与粪尿接触容易被腐蚀而断裂。

2. 人工清粪

人工清粪即通过人工清理出羊舍地面的固体粪便,人工清粪只需用一些清扫工具、手推粪车等简单设备即可完成。

羊舍内的固体粪便通过人工清理后,用手推车送到储粪设施中暂时存放。该清粪方式的优点是不用电力,一次性投资少;缺点是劳动量大,生产效率低。

因此这种方式通常只适用于家庭养殖和小规模养羊场。

三、羊粪堆积发酵方法

1.堆积体积

将羊粪堆成长条状,在做堆时不要做得太小,太小会影响发酵,高度1.5～2 m,宽度2～3 m,长度视场地大小和粪便多少而定,在3 m以上堆肥发酵效果比较好。一般情况下,1只成年羊1年排粪便750～1 000 kg,可根据羊的饲养量来确定堆粪场地。

2.堆积方法

先比较疏松地堆积一层,待堆温达60～70℃时,保持3～5 d,或待堆温自然稍降后,将粪堆压实,然后再堆积新鲜粪一层,如此层层堆积至1.5～2 m为止,用泥浆或塑料膜密封。特别是在多雨季节,粪堆覆盖塑料膜可防止粪水渗入地下,污染环境。

在经济发达的地区,多采用堆肥舍、堆肥槽、堆肥塔、堆肥盘等设施进行堆肥,优点是腐熟快、臭气少、可连续生产。

发酵过程注意适当供氧与翻堆,温度控制在65℃左右,温度太高对养分有影响。发酵物料的水分应控制在60%～65%。过高过低均不利于发酵,水过少,发酵慢;水过多,会导致通气差、升温慢,并产生臭味。调整物料水分方法:水分过高可添加秸秆、锯末屑、蘑菇渣、干泥土粉等。水分合适与否判断办法:手紧抓一把物料,指缝见水印但不滴水,落地即散。

3.翻堆

为保证堆肥质量,含水量超过75%的最好中途翻堆,含水量低于60%的建议加水。翻堆能使堆肥腐熟一致、能为微生物的繁殖提供氧气、并将堆肥所产生的热量散发出去,有利于堆肥的腐熟。当堆温达到70℃以上时,应立即翻堆;当堆温60℃时,保持48 h后开始翻堆。翻堆要翻得彻底均匀,同时根据堆肥的腐熟程度决定翻堆的次数。

4.堆肥时间

堆肥在密封发酵2个月或露天发酵3～6个月后方可使用。

5.通风措施

大多数微生物是好氧微生物,要保证堆肥微生物的生长,堆肥的含氧量主要是通过通风实现的,为促进发酵过程,可利用翻堆和搅拌,也可在料堆中竖插或横插适当数量的通气管。

四、利用沼气池进行无害化处理

南方由于气候较好,温度相对北方较高,具有一定规模的养羊场基本上都配有沼气池。将羊舍收集到的羊粪直接投入沼气池,通过厌氧发酵处理,产生的沼气可为养殖场提供能源,同时生产的沼液和沼渣可直接用作肥料,起到废弃物循环利用的作用,是目前比较好的一种羊粪污处理方式。

第二章　山羊品种

第一节　国内山羊品种

一、南江黄羊

该品种1995年育成,1998年4月经农业部批准正式命名。具有体格大,生长发育快,四季发情,繁殖力高,泌乳力好,抗病能力强,耐粗饲,适应能力强,产肉性能好及板皮质量好等特性。

1.产地分布

南江黄羊原产于四川省南江县,目前已推广至全国大部分省市,对各地山羊改良效果明显。

2.外貌特征

南江黄羊躯干被毛呈黄褐色,但面部毛色较深呈黄黑色,鼻梁两侧有一对黄白色条纹,从头顶枕部沿脊背至尾根有一条宽窄不一的黑色条带,公羊前胸、颈下毛色黑黄、较粗较长,四肢上端生有黑色粗长毛。公、母羊均有胡须,部分有肉髯。头大小适中,耳大且长,耳尖微垂,鼻梁微拱。公、母羊分有角、无角两种类型,其中有角的占61.5%,无角的占38.5%,角向上、向后、向外呈"八字形",公羊角多呈弓状弯曲。公羊面部丰满、颈粗短;母羊颜面清秀、颈细长。公、母羊整个身躯近似呈圆筒形,颈肩结合良好,背腰平直,前胸宽阔,尻部略斜,四肢粗壮,蹄质坚实,蹄呈黑黄色。

3. 生产性能

南江黄羊生长发育快,肉用性能好。公羔平均初生重 2.28 kg,母羔 2.14 kg;2 月龄断乳公羔体重 12.85 kg,母羔 11.82 kg;6 月龄公羊体重 16.18～21.07 kg,母羊 14.96～19.13 kg;周岁公羊体重 32.2～38.4 kg,母羊 27.78～27.95 kg;成年公羊体重 60.56 kg,母羊 41.20 kg。在放牧条件下, 6 月龄屠宰率 47.01%,净肉率 73.03%;8 月龄屠宰率 47.89%,净肉率 73.50%;周岁屠宰率 49.00%,净肉率 73.95%。南江黄羊板皮质地良好,细致结实,抗张强度高,延伸率大,尤以 6～12 月龄皮张为佳,厚薄均匀,富有弹性,主要成革性能指标均能达到部颁标准。

4. 繁殖性能

南江黄羊性成熟早,繁殖力高。3 月龄时有初情期表现,母羊 6～8 月龄、公羊 12～18 月龄可以开始配种。母羊四季发情,1 年 2 胎或 2 年 3 胎,平均产羔率 194.62%,经产母羊产羔率为 205.2%。

二、马头山羊

该品种具有性早熟,繁殖力高,产肉性能好和板皮品质好等特性,是我国南方山区优良的肉用山羊品种。

1. 产地分布

马头山羊主要产于湖南省的石门、藏江、常德等县和湖北省的郧阳、竹山、恩施等地区。目前,还分布于陕西省安康、商洛以及临近的四川、贵州、河南等省。

2. 外貌特征

马头山羊被毛颜色以白色短毛为主,有少量的黑色和麻色。在颈下和后大腿部以及腹侧生有较长粗毛,公羊头部生有长毛至眼线。公、母羊均无角,都有髯,少数颈下有肉垂,两耳向前微下垂。头大小中等而较长,头形类似马头,故得名。个体较大,体躯呈长方形,骨骼结实,结构匀称。背腰平直,肋骨开张良好,臀部宽大,尻部微斜,尾短而上翘,母羊乳房发育良好,四肢结实有力,肢势端正,蹄质坚实。

3.生产性能

马头山羊生长发育快,肉质好。成年公羊体重 43.81 kg,母羊 33.70 kg,羯羊 47.44 kg。幼龄羊生长快,1 岁羯羊体重可达成年羯羊体重的 70%以上。在全放牧条件下,12 月龄羯羊体重 35 kg 左右,18 月龄羯羊体重可超过 47.44 kg,如补饲,可达 70~80 kg,甚至更高。12 月龄羯羊屠宰率 54.10%,母羊屠宰率 49.7%。另外,马头山羊的皮板致密,质量较好。

4.繁殖性能

马头山羊性成熟早,母羊 3 月龄,公羊 4~6 月龄开始性成熟,10 月龄时适宜初次配种。母羊四季发情,春、秋季最旺盛,一般 1 年 2 胎或 2 年 3 胎。初产母羊产羔率平均为 182%左右,3~5 胎产羔率 195.8%~229.4%。

三、成都麻羊

该品种是我国著名的肉乳兼用山羊品种。

1.产地分布

成都麻羊产于四川成都平原及其附近的丘陵地区。成都市郊数量最多,双流、新津等地也有分布。

2.外貌特征

成都麻羊公羊有长毛,母羊毛较短,全身深褐色,腹下浅褐色。颜面两侧各有一条浅褐色条纹,背线为黑色,鬐甲有黑色毛带,沿肩胛两侧向下延伸,与背线黑色毛带相交呈十字形,又因其毛色呈紫铜色也称为"铜羊"。公、母羊大多数都有胡须和角,头中等大小,两耳侧伸,额宽微突,鼻梁平直。骨架大,躯干丰满,呈长方形,颈细长、胸部发达,背腰宽平,公羊前躯发达,母羊体型清秀,后躯广深,尻部微斜,乳房呈球形。四肢粗壮,蹄质坚实呈黑色。

3.生产性能

成都麻羊 12 月龄公羊体重 26.79 kg,母羊 23.14 kg;成年公羊体重 42 kg 左右,成年母羊 36 kg 左右。周岁羯羊胴体重 12.15 kg,屠宰率 49.66%,净肉率 75.8%;成年羯羊胴体重 20.54 kg,屠宰率 54.34%,净肉率 79.1%。泌乳期一般 5~8 个月,1 个泌乳期产奶 150~250 kg,乳脂率 6.8%。皮板品质好,细致紧密,拉力强,质地柔软,耐磨,是一般皮革制品和航空汽油滤油革的上等原料,在国际市场很受欢迎。

4. 繁殖性能

成都麻羊繁殖力强,母羊 4～8 月龄开始发情,12～14 月龄可初配,终年可发情配种,1 年 2 胎,一般每胎可产羔 2～3 只,平均产羔率 209%。

四、黄淮山羊

该品种具有分布面积广,数量多,耐粗饲,抗病力强,性成熟早,繁殖率高,产肉性能好,板皮品质优良等特点。

1. 产地分布

黄淮山羊分布于淮河流域的河南、安徽、江苏三省交界处。在河南分布于周口、驻马店、信阳、开封等地区,在安徽分布于阜阳、宿县、六安、合肥等地区,在江苏分布于徐州等地。

2. 外貌特征

黄淮山羊被毛为白色,粗毛短、直且稀少,绒毛少。有有角和无角两种类型,公羊角粗大,母羊角细长,呈镰刀状向上、向后伸展。头偏重,鼻梁平直,面部微凹,公、母羊均有须。体躯较短,胸较深,背腰平直,肋骨开张呈圆筒状,结构匀称,尻部微斜,尾粗短上翘,蹄质坚实。母羊乳房发育良好呈半球状。

3. 生产性能

黄淮山羊肉质好,瘦肉率高。羔羊初生重平均为 1.86 kg;2 月龄断乳重平均 6.84 kg;羔羊 3～4 月龄屠宰体重 7.5～12.5 kg,屠宰率可达 60%;7～8 月龄羯羊活重 16.65～17.40 kg,屠宰率 48.79%～50.05%,净肉率 39% 左右;成年羯羊宰前活重平均为 26.32 kg,屠宰率 45.90%～51.93%;成年公羊体重为 33.9～37.1 kg,成年母羊为 22.7～26.6 kg。板皮致密,毛孔细小,分层多而不破碎,拉力强而柔软,韧性大,弹力高,是优质制革原料。

4. 繁殖性能

黄淮山羊性成熟早,母羔出生后 40～60 d 即可发情,4～5 月龄配种,9～10 月龄可产第一胎。妊娠期 145～150 d,母羊产后 20～40 d 发情,1 年可产

2胎。母羊全年发情,以春秋季旺盛,发情周期15~21 d,持续期1~2 d,产羔率227%~239%。

五、青山羊

该品种是我国生产猾子皮的专用品种。

1.产地分布

青山羊产于山东省的菏泽、济宁地区,在临近的安徽、河南两省也有少量分布。目前,已经推广至全国各地。

2.外貌特征

青山羊被毛是由黑、白两色毛混生而构成的青色,前膝为青黑色,故有"四青一黑"的特征。公羊额部覆有卷毛,母羊额部多有淡青色的白章。根据被毛中黑、白两色毛的比例不同,可分为正青色、粉青色和铁青色3种。青山羊头短小,额宽而凸。公母羊都有角、胡须,角向上,向后上方张开。颈部细长,背腰平直,尻部微斜,胸宽适中,肋骨开张良好,腹部较大,四肢短而结实,体型略呈方形。

3.生产性能

青山羊是我国山羊中体格较小的一种,羔羊初生体重较小,平均公羔1.41 kg,母羔1.30 kg;成年公羊体重25.7 kg,母羊20.9 kg。青山羊平均屠宰率40.48%,羯羊屠宰率为46.45%。在出生3 d后屠宰的羔皮称为青猾子皮,毛细短紧密适中,大部分羔羊后躯有明显的花纹。

4.繁殖性能

青山羊繁殖力强,在良好的饲养条件下,羔羊40~60日龄即可初次发情,4月龄可以初次配种,1岁以前即可繁殖第1胎。初产母羊产羔率为203.6%,3~4岁时产羔率可达300%以上。怀孕期146 d左右,产后20~40 d再发情,一般1年2胎。

六、长江三角洲白山羊

该品种是我国传统的生产优质笔料毛的山羊品种。

1.产地分布

长江三角洲白山羊主要分布于我国长三角地区,包括江苏省的南通、苏州、扬州和镇江地区,浙江省的嘉兴、杭州、宁波、绍兴地区以及上海郊县等地。

2.外貌特征

长江三角洲白山羊被毛白色,短且直,公羊肩胛前缘、颈和背部毛较长,富光泽,绒毛少。羊毛洁白,挺直有峰,弹性好,是制毛笔的优质原料。该羊体型中等偏小,头呈三角形,面微凹。公、母羊均有角,向后上方"八"字形张开,公羊角粗,母羊角细短。公、母羊颌下均有髯。前躯较窄,后躯稍宽,背腰平直。

3.生产性能

长江三角洲白山羊初生公羔体重 1.16 kg,母羔 1.09 kg;成年公羊平均体重为 28.6 kg,成年母羊为 18.4 kg,羯羊为 16.71 kg。连皮山羊屠宰率,1 岁羊平均为 48.65%,成年羊平均为 45.9%。

4.繁殖性能

长江三角洲白山羊性成熟早,母羊 6～8 月龄、体重 12～13 kg 初配,公羊 8～10 月龄,体重 15 kg 以上初配。母羊春、秋两季发情,妊娠期 145～158 d,1 年 2 胎或 2 年 3 胎,年平均产羔率为 228.57%。

第二节　国外山羊品种

一、波尔山羊

波尔山羊是世界著名的肉用山羊品种,具有性成熟早,四季发情,繁殖率高,生长发育快,产肉率高,采食力强,适应能力强等特性。

1.产地分布

波尔山羊原产于南非的干旱亚热带地区,现已分布于澳大利亚、新西兰、美国、加拿大、德国等国家和地区。我国 1995 年开始引进,现有纯种波尔山羊 2 000 只以上。

2. 外貌特征

波尔山羊被毛白色，短而稀，头颈部为红褐色，额端至唇端有一条白色条带，有的头部皮肤有一定数量的色斑。公、母羊均有角，耳宽大而下垂。四肢强健，腿粗短，体躯结构匀称呈圆筒状，背腰平直，前胸较阔，肋骨开张良好，后躯发达，肌肉多，臀部和大腿肌肉丰满。

3. 生产性能

波尔山羊公、母羔平均初生重 4.15 kg，双羔初生体重 2.2～3.5 kg；100日龄公羊体重 30 kg，母羊 29 kg；1～1.5 岁公羊体重 45～70 kg，母羊 40～55 kg；成年公羊体重 80～100 kg，母羊 60～75 kg。270 日龄以前平均日增重200 g 以上。周岁以上羊屠宰率 50%～55%，脂肪含量 18.2%，肉骨比 4.7：1，具有脂肪含量少，瘦肉多，色泽纯正，膻味小的特点。

4. 繁殖性能

波尔山羊早熟多产，母羊常年发情，尤以春、秋两季发情最为明显，初情期为 6～8 月龄，公羊 8 月龄可开始配种。平均产羔率为 180%～210%，双羔率50% 以上，三羔率 7%～15%。

二、萨能山羊

萨能山羊是世界著名的奶山羊品种之一，具有成熟早，产奶能力强，抗病性比较强，适应性好等特性。

1. 产地分布

萨能山羊原产于瑞士阿尔卑斯山区的柏龙县萨能山谷，现在几乎遍布世界各国。在我国主要集中在黄河中下游，以陕西、山东、河北、山西、黑龙江等地较多。

2. 外貌特征

萨能山羊毛色纯白，毛细而短，皮薄而柔软，皮肤呈肉色，多数羊无角有须，有的有肉垂。母羊颈扁长，公羊颈粗壮。体格高大，头、颈、背腰、四肢较长，结构匀称，细致紧凑。姿势雄伟，体躯修长，尻部略斜，胸部宽广，肋骨拱圆，腹大而不下垂。蹄质坚实，呈蜡黄色。母羊乳房质地柔软，附着良好，呈方圆形。

3. 生产性能

在我国,萨能山羊年泌乳量 800 kg 左右,乳脂率 3.2%～4.0%。成年公羊体重 85 kg 以上,母羊 60 kg 以上。

4. 繁殖性能

萨能山羊 1 胎产羔率 160% 以上,2 胎以上产羔率 200%～290%。

三、努比山羊

努比山羊属乳、肉、皮兼用的山羊品种。具有生长速度快,性情温顺,繁殖力强,耐热不耐旱等特点。

1. 产地分布

努比山羊原产于非洲,现已广泛分布到世界各地,我国四川省简阳市较多。

2. 外貌特征

努比山羊毛色较杂,以棕色和黑色为多,被毛细短,富于光泽。头较小,额部和鼻梁隆起呈明显的三角形,俗称"罗马鼻"。两耳宽长下垂至下颌部。公、母羊有角或无角,角呈螺旋状。头颈相连处肌肉丰满呈圆形,颈较长而躯干较短,乳房发育良好,四肢细长。

3. 生产性能

努比山羊公羔初生重(3.3±0.6) kg,母羔(2.9±0.5) kg。成年公羊平均体重 86.72 kg 左右,体高 82.5 cm,体长 85 cm。成年母羊平均体重 67.2 kg 左右,体高 75 cm,体长 78.5 cm。努比山羊与四川本地山羊杂交,其羯羊 6 月龄、9 月龄体重分别比本地山羊提高 86% 和 91.5%,鲜皮面积增加 30.1%～98.6%,制革面积增加 61.5%～75.6%。

4. 繁殖性能

努比山羊每胎产 2～3 羔,母羊平均产羔率为 192.8%,只平均窝产双羔或双羔以上的母羊占 72.9%。公羊性成熟为 6～8 月龄,性成熟体重为 40～50 kg,努比母羊性成熟在 5～6 月龄,性成熟体重为 30～35 kg。

四、安哥拉山羊

安哥拉山羊是世界上最著名的毛用山羊品种,以生产优质"马海毛"而著名。

1. 产地分布

安哥拉山羊原产于土耳其,现已分布于南非、美国、阿根廷、澳大利亚等国家,我国主要分布于新疆、四川、陕西、内蒙古地区。

2. 外貌特征

安哥拉山羊被毛纯白,由波浪形毛辫组成,可垂至地面。公母羊均有角,四肢短而端正,蹄质结实,体质较弱。

3. 生产性能

安哥拉山羊成年公羊体重 50～55 kg,母羊 32～35 kg。美国饲养的个体较大,公羊体重可达 76.5 kg。产毛性能高,细度 40～46 支,毛长 18～25 cm,最长达 35 cm。1 年剪毛 2 次,每次毛长可达 15 cm,成年公羊剪毛 5～7 kg,母羊 3～4 kg。最高剪毛量 8.2 kg,羊毛产量以美国最高,土耳其最低,净毛率 65％～85％。

4. 繁殖性能

安哥拉山羊性成熟晚,到 3 岁才发育完全,产羔率 100％～110％,少数地区可达 200％。母羊泌乳力差,流产是繁殖率低的主要原因。

第三节 黑山羊品种

一、建昌黑山羊

1. 产地分布

建昌黑山羊主要分布在四川凉山彝族自治州的会理、合东二县。该州的其他县也有分布。

2. 外貌特征

建昌黑山羊体格中等,体躯匀称,略呈长方形。头呈三角形,鼻梁平直,两耳向前倾立,公、母羊绝大多数有角、有髯。公羊角粗大,呈镰刀状,略向后外侧扭转;母羊角较小,多向后上方弯曲,向外侧扭转。毛被光泽好,大多为黑色,少数为白色、黄色和杂色。毛被内层生长有短而稀的绒毛。

3. 生产性能

建昌黑山羊成年公羊平均体高、体长、胸围和体重分别为(57.69±4.48) cm、(60.58±4.61) cm、(73.62±5.23) cm、(31.05±6.00) kg,成年母羊分别为(56.01±3.59) cm、(58.93±3.97) cm、(70.67±5.01) cm、(28.91±5.54) kg。建昌黑山羊皮板张幅大,面积为 5 000～6 400 cm²,厚薄均匀,富于弹性。建昌黑山羊具有生长发育快、产肉性能和皮板品质好的特点。

4. 繁殖性能

建昌黑山羊公羊 8～10 月龄、母羊 6～7 月龄开始配种繁殖。母羊一般年产 1.7 胎。初产产羔率 193%,2～4 胎产羔率 246%。

二、麻城黑山羊

1. 产地分布

麻城黑山羊产于鄂、豫、皖三省交界的大别山地区,中心产区为湖北省麻城市,数量 10 万多只;周边地区有 4 万多只,主要分布在与湖北交界的豫南地区。

2. 外貌特征

麻城黑山羊体质结实,结构匀称,全身被毛黑色,毛短贴身,有光泽,成年公羊背部毛长 5～16 cm。少数羊初生黑色,3～6 月龄毛色变为黑黄,后又逐渐变黑。羊分为有角、无角品种,无角羊头略长,近似马头;有角羊角粗壮,公羊角更粗,多呈弧形向后弯曲。耳较大一般向前稍下垂。公羊 6 月龄左右开始长髯,有的公羊髯一直连至胸前,母羊一般周岁左右长髯。成年公羊颈粗短、雄壮,母羊颈细长、清秀。头颈肩结合良好,前胸发达,后躯发育良好,背腰平直,四肢端正粗壮,蹄质坚实,乳房发达,有效乳头 2 个,有些羊还有 2 个副乳头,尾短上翘。

3 生产性能

麻城黑山羊的平均初生重为公羊 1.93 kg,母羊 1.75 kg;哺乳期日增重公羊 96 g,母羊为 91 g;断乳至 6 月龄期的日增重公羊为 87 g,母羊为 70 g。这表明麻城黑山羊断乳后仍然具有较快的生长速度。另据试验,断乳羔羊每日若补充混合精料 0.2 kg,则平均日增重可达 152 g,这充分表明该品种具有良好的育肥性能。周岁公、母羊的体重一般分别为 27.4 kg 和 25.41 kg,成年公、母羊一般分别为 37.0 kg 和 36.8 kg,大的公羊为 76 kg,母羊为 68 kg。

4. 繁殖性能

麻城黑山羊性成熟较早,一般在 3 月龄左右即表现出性行为,公羊 5 月龄、母羊 4 月龄达到性成熟,适配年龄母羊为 8 月龄,公羊为 10 月龄,母羊利用年限为 4～5 年,公羊 3～4 年。母羊发情周期约为 20 d,发情持续期为 1.5～3 d,产后发情一般为 18～23 d,妊娠期一般为 149～150 d,通常母羊在每年 8 月份开始发情,发情旺季在 9～11 月份。麻城黑山羊母性好,泌乳能力强,正常情况下 2 年可产 3 胎,部分羊可达到 1 年产 2 胎。

三、金堂黑山羊

1. 产地分布

金堂黑山羊主要分布在四川省成都市金堂、青白江、龙泉驿、双流等区县。

2. 外貌特征

金堂黑山羊全身被毛黑色,具有光泽。体型大,头中等大,颈长短适中。耳有垂耳、半垂耳、立耳 3 种。背腰平宽,四肢粗壮,蹄质结实。品种按头型特征可分为有角型和无角型 2 种类型。

3. 生产性能

金堂黑山羊初生及 2 月龄重,公羔 2.35 kg 及 12.5 kg,母羔 2.22 kg 及 12.3 kg;6 月龄体重及体高,公羊 25.5 kg 及 58.2 cm,母羊 23.8 kg 及 55.1 cm;12 月龄体重及体高,公羊 37.2 kg 及 65.8 cm,母羊 34.9 kg 及 60.7 cm;成年体重及体高,公羊 74.6 kg 及 76.7 cm,最高体重达 125 kg,母羊 56.2 kg 及 68.5 cm,最高体重达 80.5 kg。

4. 繁殖性能

公羊 8～10 月龄、母羊 6～7 月龄开始配种繁殖。母羊一般年产 1.7 胎,初产产羔率 193%,2～4 胎产羔率 246%。

四、乐至黑山羊

1. 产地分布

乐至黑山羊产于四川省乐至县,2003 年 12 月份通过四川省畜禽品种审定委员会审定命名为四川省地方山羊新品种——乐至黑山羊。

2. 外貌特征

乐至黑山羊全身被毛黑色,具有光泽,冬季内层着生短而细密的绒毛,少数头顶部有枝子花样白毛。头中等大小,有角或无角,有角占 33%,无角占 67%。公羊角粗大,向后弯曲。母羊角较小,呈镰刀状。耳较大,为垂耳或半垂耳,鼻梁拱,成年公羊下颌有毛髯,部分羊颔下有肉髯。体型较大,体质结实,全身各部结合良好。颈长短适中,背腰宽平,四肢粗壮,蹄质坚实。公羊体态雄壮,睾丸发育良好;母羊体型清秀,乳房发育良好,呈球形或梨形。

3. 生产性能

乐至黑山羊初生重公羔(2.73±0.46)kg,母羔(2.41±0.38)kg。2 月龄体重公羊 14.33 kg,母羊 12.11 kg;日增重公羊 191 g,母羊 162 g。6 月龄体重公羊(28.23±3.40)kg,母羊(23.33±2.90)kg;周岁体重公羊(42.23±4.24)kg,母羊(34.51±6.69)kg。成年体重公羊(71.24±6.34)kg,母羊(48.41±4.22)kg。

乐至黑山羊初生至成年的体重随年龄上升变化明显,在各阶段间,公羔1～6月龄生长很快,平均日增重 138 g;6 月龄至 1 周岁平均日增重 77 g,差异极显著($P<0.01$)。母羔在 1～6 月龄生长较快,生长强度大,平均日增重114 g;6 月龄至 1 周岁平均日增重 61 g,差异显著($P<0.05$)。6 月龄后生长平缓,乐至黑山羊早期生长发育快的肉用山羊的基本特征非常明显,适合于肥羔生产。

4. 繁殖性能

乐至黑山羊性成熟早,母羔初情期为 3～4 月龄,公羔在 2～3 月龄即有性欲表现。母羊初配年龄为 5～6 月龄,公羊初次配种年龄为 8～10 月龄,母羊平均发情周期为 20.3 d,发情持续期为 48.6 h,妊娠期为150.1 d,产后第 1 次发情 26.35 d,产羔间隔为 212 d。母羊常年产羔,但多集中在 4～6 月份和 9～

11月份,年均产 1.72 胎。乐至黑山羊的产羔率初产母羊为 205.95%,经产母羊为 252.00%,产羔率随胎次的增加而上升,第 2~4 胎分别为 238.13%、251.90%、272.48%。不同胎次的产羔百分率由高至低,第 1 胎依次是双羔、单羔、三羔、四羔、五羔;第 2、3 胎均为双羔、三羔、单羔、四羔、五羔;第 4 胎是双羔、三羔、四羔、单羔、五羔、六羔。各胎平均产羔率是单羔占 16.42%、双羔占 45.63%、三羔占 25.82%、四羔占 10.58%、五羔占 1.37%、六羔占 0.18%,其中 2~6 羔的占 83.58%。

乐至黑山羊 1 胎以双羔为主,2 胎和 3 胎以三羔、双羔为主,4 胎以三羔为主,产羔数随胎次增加而增加,各胎次产单羔和五羔以上比例较小,形成"两头小,中间大"的现象,充分说明乐至黑山羊具有很高的繁殖力。

第三章 山羊的杂交利用

第一节 山羊的习性及生物学特性

一、适应性强

羊的适应性很强,具耐粗饲、耐渴、耐寒、抗病等特性。放牧条件下,羊只要吃饱饮足,一般发病较少。

二、采食习性

采食性广,羊嘴唇灵活,门齿发达,喜欢啃食短草、阔叶杂草、灌木树叶和嫩枝,不喜食牛尾草等有刺毛的草、带蜡脂的草。同时,羊喜欢新鲜洁净的草料,拒食或厌食发霉变质、被践踏或粪尿污染的饲草饲料。

三、反刍行为

羊是反刍动物,采食饲草和饲料时,匆匆吞下,约在 1 h 后,再从胃中通过食管逆呕进入口腔,慢慢嚼碎后再咽,这就是羊的反刍行为,俗称"倒嚼"。反刍是羊的正常生理表现,羊在 1 d 内大约进行 8 次反刍,总用时大约 8 h,成年羊一般在采食后 75 min 左右开始反刍,羔羊则需 2 h 左右。羊在安静状态时,反刍时间较规律,当听觉受刺激时,反刍的节律则紊乱。

四、合群性

羊性情温顺,便于调教,合群性较强。其中绵羊合群性比山羊更好,放牧羊合群性比长期圈养的羊要好。

五、饲料利用性强

羊采食植物的种类较多,一般可采食植物种类占总类数的 88%,天然牧草、灌木、农副产品都可作为羊的饲料。所以羊对各种生态环境均能适应,分布区域广泛。

六、喜干怕湿

羊最怕潮湿的牧地和圈舍,潮湿的环境易使羊发生寄生虫病和腐蹄病。

七、认羔行为

母羊识别自己的羔羊,主要靠嗅觉,视觉、听觉仅起辅助作用。羔羊吮乳时,母羊总要先嗅一嗅,以辨别是不是自己的羔羊,利用这一点,便于羔羊的寄养。

八、消化吸收能力强

山羊的瘤胃很大,成年羊瘤胃体积占到全胃的 80%。瘤胃内的微生物品种很多(细菌、真菌和纤毛虫等),能分解饲料中的纤维素,把非蛋白氮转化为菌体蛋白,同时还可以合成维生素。山羊的肠道相对长度高于其他家畜,是自身体长的 27 倍,因此可以说得上是"羊肠小道"了,对草料的消化充分,对营养物质吸收利用完全,这是其他家畜无法比拟的。因此,山羊比其他家畜具有较强的抗饥饿能力。

九、有较强的抗病能力

山羊体质强壮,一般不易得病。但是感染传染病或寄生虫病后,在发病初期,由于症状不明显,也不易察觉,故饲养员在平时喂料或打扫卫生时要留心观察羊群动态,发现异常情况应赶快找出原因,及时采取措施。当山羊发病症状明显时,往往病情已很严重,治疗效果也不太理想。所以,山羊尽管发病少、抗病力强,但平时仍要以预防为主。

十、繁殖能力强

山羊是多胎动物,大多数品种均可 1 年 2 胎或 2 年 3 胎,每胎可产 1～3 羔,多者可达 5～6 羔,故繁殖周期短,繁殖率高,对于扩繁增群,加快发展很有利。

第二节　山羊的杂交改良及利用

用肉用性能优秀的波尔山羊做父本改良当地山羊,生长速度快,3 个月体重能增加 20 kg,且肉香味美,售价高,杂交后代的生产性能可比当地山羊提高 30％～60％。

引进波尔山羊主要的目的之一,是为了通过它对本地低产山羊品种杂交,以获得比本地山羊生长快,产肉性能好的杂交一代,来生产肥羔,增加经济收入。一般来说,品种之间差异越大,所获得的杂种优势率也越大。波尔山羊体重大,生长速度快,肉质好;而本地山羊体重小,生长慢,其间差异甚大。用波尔山羊为父本,本地山羊为母本,一方面可利用波尔山羊生长速度快,能显著地提高杂种后代速度和产肉性能;另一方面可利用本地母羊抗病力强,饲草消耗低,可显著降低肉羊生产成本,从而提高养羊效益,增加收入。

第三节　山羊的品种选择及引种注意的问题

山羊的品种选择是养羊成功的关键,很多山羊都是良种,但要看在什么地方，在一个地方是良种，在另一个地方不一定是良种，因此要根据本地的实际情况来选择品种。比如，目前安徽省结合本省情况，选择主推品种为波尔山羊、黄淮山羊及其杂交后代。

注意生长环境相适应，引种羊原产地的气候、地形、植被、饲养方式和饲养管理水平要求与本地环境差异不大，这样才能尽快适应新环境，缩短驯养时间。最好是就近引种。另外，有些新培育或从国外引进的良种，要认真查阅资料，听取各方面意见，如果本地条件适宜生长，可适当引少部分试养，条件成熟后再大批量引入。切不能轻信广告和产品介绍盲目批量引入，以免造成重大经济损失。

注意一定要求引进已育成，生产性能优良的新品种，不可引入低劣的老品种，也不要引进经济杂交的山羊品种，因为杂交山羊不宜作为种用，引入的山羊要健康，发育良好，四肢粗壮，四蹄匀称，行动灵敏，眼大明亮，无眼屎，眼结膜呈粉红色，鼻孔大，呼吸均匀，呼出的气体无异臭味，鼻镜湿润，被毛光滑，紧凑，有光泽。排尿正常，粪便光滑呈褐色稍硬。母羊要求乳头排列整齐，体躯长，外表秀丽，叫声优美，具有母性特征。公羊要求睾丸发育良好，无隐睾或单睾羊，叫声洪亮，外表雄壮，具有雄性特征。年幼的山羊适应能力相对较强，但也不能太小，以 1~2 岁最好。

注意引种的季节，冬季水冷草枯，缺草少料，引种羊经过一路颠簸，一方面要恢复体质，适应新环境；另一方要面对冬季恶劣的气候，引种羊成活率很低。所以冬季引种是大忌。夏季高温多雨，相对湿度大，山羊又怕热和潮湿，夏季放牧和运输都易发生中暑，夏季也不宜引种。最适宜引种的季节是春季和秋季，这两个季节气候温暖，雨量相对较少，地面干燥，饲草丰富，最适宜引种。

注意疫病防治，引种前要先到引种地调查了解疫病情况，严禁到疫区引种，对山羊要严格检疫，并且"三证"（场地检疫证、运输检疫证和运载工具消毒证）齐全。引种后，应隔离饲养半个月，若未出现异常，方可混养。

一、引种要避免盲目性

随着经济的发展,羊产品的需求越来越大。但由于市场调节,羊产品有时在市场上起落无常,所以引种前要搞好市场调查,搞清所引进品种的市场潜力,有发展前途则可以引进,否则不能引进,盲目引种只能导致养殖失败。

从市场分析来看,由于近两年国外疯牛病和口蹄疫的大规模流行,我国出口牛羊肉速度加快。同时国内近两年草原牧区的雪灾和多年的旱灾一度使国内羊只存栏量减少,这势必形成羊肉的价格优势。所以笔者认为发展肉羊会有一定的前景,加之我国加入 WTO,畜牧业前景看好,这应给养羊业带来新的发展。

二、引种要讲方法

无论从国外还是从国内引种,一般有 3 种方法:一是直接引进纯种个体;二是引进胚胎,进行胚胎移植;三是引进公羊精液,通过人工授精引种。

这 3 种方法各有利弊。胚胎和精液(冻精)便于携带和运输,但所需繁殖时间要长。直接引进纯种,虽然运输较困难,但可省去妊娠和部分生长期时间,这样引进的纯种利用时间大为提前。胚胎移植和人工授精引进疾病相对要少,引进纯种的同时,也就可能直接引进了某些疾病(虽经检疫,也不可避免)。胚胎移植可引进纯种,人工授精多用于进行杂交改良。另外,如果是单纯为改良本地品种,一般直接引进纯种个体较好。如果是引进新品种进行纯种繁殖,胚胎移植较好。而人工授精多成为纯种繁殖和品种改良的很好途径。

三、养殖规模与资金要相配套

规模养殖多是前期需一次性投资较大。维持投资虽然比重较小,但这较小的投资一旦受阻,往往会造成巨大的经济损失,从而改变经营者的养殖兴趣。没有维持投资就不能发展,不能发展就没有效益,甚至前期投资白白浪费,这就造成养殖失败。

安徽省某羊场投资几百万元,从国外引进纯种进行养殖。前期投资积极有力,然而由于后期资金不到位,引种后得不到良好的发展。加之缺乏市场经验,养殖出现有前劲无后劲,甚至举步维艰的情况。

四、引种要找信誉好的单位

提供纯种的单位或者中介单位的信誉也十分重要。国内范围引种大多一手交钱一手交货,不需中介单位,所以过程简单,违约少,即使违约,国内官司也比较好处理。但在国外引进品种,大多是先付款,起码要先付多半款,然后供种单位发货。其中有的经过国内的一个中介单位,中介单位一手托两家而从中取利。如果一旦货款给出,国外供种单位屡屡违约,中介单位从中左右搪塞,引种方只能连连叫苦,官司不好处理。安徽省某羊场就因此一年中经济损失已将近220万元,至今纯种仍无音信。

五、慎重考虑引进品种的经济价值

由于媒体的过分炒作或供应单位的过分宣传,使超出商品价值部分的其他费用增多,难免出现货不抵值的现象。一旦引进就会花费很多,加上引进者如果缺乏足够的考察了解,盲目听信他人说教,有时引进之后与自己想象的相差甚远。

比如波尔山羊无疑是国内外公认的较好的肉羊品种,但单纯从产肉性能上来说,肉山羊远不如肉绵羊净肉率高,增重快。从经济效益上远不如肉绵羊高。如果从改良地方山羊品种的角度考虑,引进波尔山羊很好,如果从羊肉发展角度考虑,还是发展肉用绵羊。从地理角度来讲,北方宜引进绵羊,南方宜引进山羊。

六、引种应因地制宜

考虑本地的地理环境,特别是本地的地貌、气候和饲草资源。应慎重引进品种。因为不是所有品种的羊都能在同一地域很好地生长繁殖。考虑北方饲草资源丰富,地域广阔而平坦,但气候寒冷,选择引进较耐寒的绵羊品种或绒山羊为宜。山区多因地形因素选择善于登山的山羊品种,半山区和丘陵地带如果气候条件适宜,引进品种多很随便,而南方一般高温高湿,不适宜长毛羊的生长。

　　总之,引进纯种由于投资较大,所以各方面的问题都应引起注意,一旦一个或者几个环节失误往往会造成巨大损失。

第四章 山羊的饲养管理和繁育技术

第一节 山羊的饲养管理

一、山羊日常饲养管理要点

(一)放牧饲养

1. 羊群的组织

合理地组织羊群,既能节省劳力,又便于羊群的管理。一般要根据不同地区不同的放牧条件,按羊性别、年龄来组织羊群。

牧区和草场面积大的地区,一般以繁殖母羊和育成母羊 200～250 只为一群,去势育肥的公羊 150～200 只为一群,种公羊 80～100 只为一群。

农区一般没有大面积草场,羊群放牧多利用地边、路边、林地、河堤,受到一定限制,羊群不宜过大。繁殖母羊和育成母羊 30～50 只为一群,去势育肥公羊 20～40 只为一群,种公羊 10 只左右为一群。

农牧区和丘陵山区可视放牧条件而定。

2. 四季放牧管理要点

(1)春季放牧。因羊经过了漫长的冬春枯草季节,羊只膘差,嘴馋,易贪青而造成下痢,或误食毒草中毒,或是青草胀(瘤胃臌气)。因此,春季放牧一要防止羊"跑青"，二要防止羊"臌胀"。常有"放羊拦住头，放得满肚油；放羊不拦头，跑成瘦马猴"的说法。春季放牧要手紧，开始时可先放牧于老草坡或喂一些干草，然后再放牧于青草坡。春季草嫩，含水量高，早上天冷，不能让羊吃露水草，否则易引起拉稀。

春天，当羊放牧食青草以后，要每隔5～6 d喂1次盐，喂时把盐炒至微黄时为好，加一些磨碎的清热、开胃的饲料和必需的添加剂。这样可帮助消化，增加食欲，补充营养。同时，每天至少要让羊群饮水1次。

（2）夏季放牧。夏季的气候特点是炎热、暴雨、蚊虫多，应做好防暑降温工作。放牧时应注意早出晚归，中午炎热时，要防羊"扎窝子"，应让羊群到通风、阴凉处休息。必要时，在放牧中途给予适当休息。同时，要做好防蚊、驱虫工作。要多给羊群饮水，并适当喂些食盐。

（3）秋季放牧。秋季秋高气爽，牧草丰富，而且草籽逐渐成熟，应该是"满山遍野好放羊"的季节。秋季是羊群抓膘配种季节，放牧中，注意将羊放饱、放好，这对冬季育肥出栏、安全过冬和羊的繁殖都很重要。

（4）冬季放牧。冬季天渐转寒，植物开始枯萎或落叶时，并有雨雪霜冻。放牧中，应注意防寒、保暖、保膘、保羔。冬季放牧常常在村前村后和羊圈左右让羊吃些树叶、干草，晴天多让羊运动和晒太阳，怀孕母羊切忌翻沟越岭。同时，要修好羊舍，素有"圈暖三分膘"之说。

3.放牧时应注意的事项

放牧前应先检查羊群，发现病羊后要留圈观察治疗，发现发情羊要及时记录和配种，并且数一下羊的只数，做到心中有数。

放牧人员应随身带一些应急的药物器械，如十滴水治中暑，套管针可放气等。

出牧、归牧时不要走得太快，放牧路途要适中，不要远距离奔波。

放牧时严禁用石块掷打羊，防止惊群。同时注意防止野兽侵袭。

不要让羊群吃冰冻草、露水草、发霉草，不要饮污水。防止暴饮暴食。

（二）舍饲饲养

波尔羊和杂交羊较适宜舍饲，农区养羊也以舍饲为主，有的配合季节性放牧或"系牧"。羊场和专业饲养户的羊群都有专用的羊舍和运动场,并设有饲槽和水槽。饲养时要注意以下几点。

定时、定量、定质、定人。要按时喂羊,使羊形成条件反射,利于消化吸收。要根据不同羊只,确定喂草量、料量;要既能吃饱,又不浪费;要保证饲料质量和花色品种;有条件的要按饲养标准制订配合日粮;饲养人员也要相对固定。

饲草、饲料、饮水要清洁,不喂霉变草料,饲草不能带水,冬天最好饮用温水。

保持羊舍清洁、干燥,做到冬暖夏凉,粪便要经常打扫。

要搞好春秋两次防疫和经常性的驱虫。

搞好羊场平时的卫生、消毒工作,羊粪要堆积发酵处理后使用。

增加羊只运动,保持羊体卫生。

(三)抓羊的技巧

在进行个体品质鉴定、称重、配种、防疫、检疫和买卖羊等时,都需要进行抓羊、保定羊和导羊前进等操作。

1. 抓羊

在抓羊时要尽量缩小其活动范围。抓羊的动作,一是要快,二是要准,出其不备,迅速抓住山羊的后胁或飞节上部。因为胁部皮肤松弛、柔软,容易抓住,又不会使羊受伤。除此两部位,其他部位不能随意乱抓,以免伤害羊体。

2. 保定羊

一般是用两腿把羊颈夹在中间,抵住羊的肩部,使其不能前进,也不能后退,以便对羊只进行各种处理。切忌抓角和硬抓。另外,保定人也可站在羊的一侧,一手扶颈或下颌,一手扶住羊的后臀即可。

3. 导羊前进

抓住羊后,当需要移动羊时就需导羊前进。方法是一手扶在羊的颈下部,以掌握前进方向,另一手在尾根处搔痒,羊即短距离前进。喂过料的羊,可用料盆逗引前进。切忌扳羊角或抱头硬拉。

(四)编号

编号是羊育种工作中不可缺少的环节,编号后便于识别,可以记载血统、生长发育、生产性能等。现在编号大多采用带耳标的方法。耳标用铝或塑料制成，用特制的钢字把号数打在耳标上，或用特制的笔写上。上边第一个数字，是羊出生年份的最后 2 位数，后边才是羊号，公羊用单数，母羊用双数，每年由 1 和 2 起编，如 080018 即指 2008 年生的第 9 只母羊。

编号也可用剪耳法，即在羊的左右耳上剪一定的缺口代表号数，如上缘一个缺为 3，下缘一个缺为 1，左耳为个位数，右耳为十位数，耳尖、耳中计百位。

(五)去角

山羊去角可以防止争斗时致伤，对有角山羊品种来说，剪角是一个很重要的管理措施。如波尔羊，在出生后 4～10 d 内进行去角手术。方法是将羊羔侧卧保定，用手摸到角基部，剪去角基部羊毛，在角基部周围抹上凡士林，以保护周围皮肤。然后将苛性钠(或钾)棒，一端用纸包好，作为手柄，另一端在角蕾部分旋转摩擦，直到见有微量出血为止。摩擦时要注意时间不能太长，位置要准确，摩擦面与角基范围大小相同，术后敷上消炎止血粉。羔羊去角后半天内不应让其接近母羊，以免苛性钠烧伤母羊乳房。

(六)去势

对于出生 3～5 d 的羔羊可用结扎法去势，即用皮筋扎紧睾丸的颈部。1 周后，睾丸因血管阻塞而坏死脱落，此法去势比较安全。

对于稍大一些的小公羊或成年公羊则要采用手术去势。方法是先用 3% 石炭酸或碘酊消毒阴囊，然后用一手握住阴囊上方，另一手用消毒过的刀在阴囊下方切开一口，约为阴囊长度的 1/3，以能挤出睾丸为度，切开后把睾丸连同精索一起挤出撕断。较大的公羊必要时结扎精索以防止过度出血造成死亡。摘除睾丸后，伤口涂上碘酊，并撒上磺胺粉。

(七)修蹄及蹄病防治

波尔山羊由于个大，体重，放牧运动量大，又加上蹄壳生长较快，如不整修，易成畸形，系部下坐，步履艰难，从而影响其生产性能。对于种公羊修蹄更为重要，因为蹄不好会影响运动，从而减少精液量和降低精液品质。修蹄最好是用果园整枝用的剪刀，先把较长的蹄角质剪掉，然后再用利刀把蹄子周围的角质修整成与蹄底近乎齐。对于蹄形十分不正者,每隔 10～15 d 就要修整 1 次,连修 2 次或 3 次才能修好。在修蹄时,不可操之过急,一旦发现出血,可用烧烙法止血。修蹄时间应选在雨后进行为好,因蹄质被雨水浸软,容易修整。

(八)做好免疫接种工作

免疫接种是激发羊体产生特异性抗体,使其对某种传染病从易感转化为不易感的一种手段。各地可根据传染病流行特点和流行季节,有计划地对口蹄疫、结核病、布氏病、梭菌病等开展免疫接种。目前还没有统一的羊免疫程序,只能在生产实践中总结经验,制订出合乎本地区、本羊场的免疫程序。

(九)组织定期驱虫

山羊是各种寄生虫病的易感动物,发病面广,损失严重。为预防羊的寄生虫病,应在冬、春两季,甚至常年用药物给羊群进行预防性驱虫。羊寄生虫分内、外寄生虫,各地方可根据寄生虫流行情况选择应用各类驱虫药物。而硫咪唑(丙硫苯咪唑)具有高效、低毒、广谱的优点,对羊胃肠道线虫、肺丝虫、肝片吸虫和绦虫均有效,可同时驱除混合感染的多种寄生虫,但剂量要准确。对外寄生虫可选用 0.1%～0.2% 杀虫脒溶液或 1% 敌百虫水溶液等药物进行药浴,也可将羊放在大盆中逐只洗浴。

(十)做好消毒工作

对羊舍定期消毒,可消灭外界环境中的病原,切断传播途径,阻止疫病继续蔓延。羊场消毒可选用 3% 来苏儿溶液,或 10%～15% 生石灰水溶液,或 1%～2% 氢氧化钠溶液,或 30% 溴氯因按 1:400 稀释,对羊圈内部、用具、地面、粪便、污水等进行定期消毒。

二、种公羊的饲养管理技术

俗话说:"母羊好,好一窝;公羊好,好一坡。"说明了种公羊品质的好坏对提高整个羊群的品质有着重要的作用,因此,种公羊的饲养技术是养羊业生产中的核心部分。那么怎样才能做好种公羊的饲养管理呢? 首先,应保证羊饲料的多样性,精、粗饲料合理搭配,尽可能保证青绿多汁饲料在全年都能较均衡地供给。同时,要注意日粮中矿物质、维生素和微量元素的补充。其次,日粮中应保持较高的能量和粗蛋白质水平,即使在非配种期内,种公羊也不能单一饲喂粗饲料或青绿多汁饲料。这一点对非配种期种公羊的饲养尤为重要,以免造成因种公羊过肥而影响配种能力。下面分别从种公羊非配种期和配种期的饲养管理加以阐述。

(一)非配种期种公羊的饲养管理

种公羊在非配种期的饲养,以恢复和保持其良好的种用体况为目的。配种结束以后,种公羊的体况都有不同程度的下降。为了使种公羊的体况尽快恢复,在配种刚结束的 1～2 个月内,种公羊的日粮应与配种期基本一致,但对日粮的组成可以做适当的调整,增加日粮中优质青干草或青绿多汁饲料的比例,并根据种公羊体况恢复的情况,逐渐转为饲喂非配种期的日粮。但总的来讲,种公羊在非配种期的体能消耗少,对营养水平的要求不高,略高于正常饲养标准已能满足种公羊的营养需要。在有放牧条件的地方,非配种期种公羊的饲养可以放牧为主,适当补喂一定量的混合料和优质干草,要加强种公羊的运动,使种公羊的体质得到较好的锻炼。种公羊每天的放牧时间为 4～6 h,每天每只可补喂混合精料 0.5～1 kg,或者补喂青干草 1.5～2 kg。

(二)配种期种公羊的饲养管理

种公羊在配种期对营养物质的需要量,与种公羊的配种强度和配种期的长短有密切关系,因配种任务或采精次数不同,种公羊对营养的需要量在个体间存在很大的差异。配种时间越长、配种强度越大,种公羊的体能消耗也就越多,体况下降也比较明显,需要补充较多的营养,否则会影响种公羊的精液品质和配种能力。因此,在配种期应做到以下几点。

(1)在配种期内,有一段时间母羊的发情比较集中,我们称之为配种盛期。这时,种公羊的配种任务最重,需要的营养物质较多,必须对种公羊进行精心的饲养和管理。在整个配种期内,种公羊的饲养都要保持相对较高的饲养水平。配种期种公羊的日粮标准要适当。日粮中的粗蛋白质含量应达到16%～18%,对配种任务繁重的优秀种公羊,每天混合精料的饲喂量为 1.5～2 kg,并在日粮中增加部分动物性蛋白质饲料（如鱼粉、鸡蛋、肉骨粉、蚕蛹粉、血粉等），以保持种公羊良好的精液品质。

（2）配种期种公羊的饲养管理要做到认真、细致，要经常观察羊的采食、饮水、运动及粪尿排泄等情况。保持饲料、饮水的清洁卫生，未吃完的草料要及时清除，减少饲料的污染和浪费。青草或干草要放入草架内饲喂。在部分产羊区，夏季高温、高湿，对种公羊的繁殖性能有不利的影响，会造成种公羊精液品质较明显的下降。这一时期种公羊的放牧和运动应选择高燥、凉爽的草场，尽可能延长早晚放牧时间，中午将种公羊赶回圈舍休息。羊舍要通风良好，如有条件，可在种公羊舍内安装通风设备，给种公羊尽量创造一个比较舒适的环境。在配种前 1.5～2 个月逐渐调整种公羊的日粮，增加混合精料的比例。同时对种公羊进行采精训练和精液品质检查。刚开始时每周采精 1 次，以后增至每周 2 次，并根据种公羊的体况和精液品质来调节日粮和运动量。对精液稀薄的种公羊，要加强日粮中蛋白质饲料的比例。当出现种公羊过肥、精子活力差的情况时，要加强种公羊的放牧和运动。

（3）种公羊采精次数要根据羊的年龄、体况和种用价值来确定。青年羊（1.5 岁左右）每天采精 1～2 次为宜，采 1 d 休息 1 d，不要连续采精；成年公羊每天可采精 3～4 次，个别情况下可采精 5～6 次，每次采精应有 1～2 h 的间隔时间。特殊情况下（种公羊少而发情母羊多），成年公羊可间隔 0.5 h 左右连续采精 2～3 次。采精较频繁时，要保证成年种公羊每周有 1～2 d 的休息时间，以免因过度消耗体力而造成种公羊的体况明显下降。

三、繁殖母羊的饲养管理技术

繁殖母羊是羊群中一个基础群体，起着配种、妊娠、哺乳和提高后代生产性能等作用，因此，充分发挥繁殖母羊的生产力，应给予良好的饲养管理条件，以提高受胎率、多胎多羔率、羔羊的成活率等。下面分别从繁殖母羊的空怀期、妊娠期和哺乳期讲述其饲养管理要点。

（一）空怀期

繁殖母羊空怀期的饲养应引起足够重视，这一阶段的营养状况对母羊的发情、配种、受胎以及以后的胎儿发育都有很大关系。在配种前 1～1.5 个月要给予优质青草，或到牧草茂盛的牧地放牧，据羊群及个体的营养情况，适量地补饲精料，保持羊群有较高的营养水平。

(二)妊娠期

对妊娠母羊饲养管理的任务是保好胎，并使胎儿发育良好。受精卵在母羊子宫内着床后，最初的 3 个月对母体营养物质的的需要量并不太大，以后随着胎儿的不断发育，对营养的需要量越来越大，妊娠后期的母羊所需营养物质比未妊娠期增加饲料 30％～40％，可消化蛋白质 40％～60％。此时期是羔羊获得初生体重大、毛密、体形良好以及健康的重要时期，因此，应当精心喂养。补饲精料的标准要根据母羊的生产性能、膘情和草料的质量而定。在种羊场母羊生产性能一般都很高，同时也有饲料基地，可按营养要求给予补饲。草料条件不充足的经济羊场和专业户羊群，可本着优先照顾、保证重点的原则安排饲料。在饲喂过程中，应注意以下几点。

(1)对怀孕母羊饲养管理不当时，很容易引起流产和早产。要严禁喂发霉、变质、冰冻或其他异常饲料，忌空腹饮水和饮冰渣水；在日常放牧管理中忌惊吓、急跑、跳沟等剧烈动作，特别是在出入圈门或补饲时，要防止相互挤压。母羊在怀孕后期不宜进行防疫注射。

(2)妊娠前期(约 3 个月)因胎儿发育较慢，需要的营养物质少，一般放牧或给予足够的青草，适量补饲即可满足需要。

(3)妊娠后期是胎儿迅速生长之际，初生重的 90％是在母羊妊娠后期增加的。这一阶段若营养不足，羔羊初生重小，抵抗力弱，极易死亡。且因膘情不好，到哺乳阶段没做好泌乳的准备而缺奶。因此，此时应加强补饲，除放牧外，每只羊每天需补饲精料 450 g，干草 1～1.5 kg，青贮料 1.5 kg，食盐和骨粉15 g。给怀孕母羊的必须是优质草料，要注意保胎。发霉、腐败、变质、冰冻的饲料都不能饲喂，不饮温度很低的水。

(4)管理上要特别精心，出牧、归牧、饮水、补饲都要有序、慢、稳，防止拥挤、滑跌，严防跳崖、跳沟，以防造成不应有的损失，因此应尽可能选平坦的牧地放牧。特别应注意,不要无故捉拽、惊扰羊群,及时阻止羊间角斗,以防造成流产。

(5)母羊妊娠后期,尤其分娩前管理要特别精心。如母羊肷窝下陷,腹部下垂,乳房肿大,阴门肿大,流出黏液,常独卧墙角,排尿频繁,举动不安,时起时卧,不停地回头望腹,发出鸣叫等,都是母羊临产前的表现。同时,对羊舍和分娩栏进行一次大扫除,大消毒,修好门窗,堵好风洞,备足褥草等,通知有关人员要做好分娩前的准备工作。

(三)哺乳期

母羊产后即开始哺乳羔羊,这一阶段的主要任务是保证母羊有充足的奶水供给羔羊。例如,母羊每生产 0.5 kg 奶,需消耗 0.3 个饲料单位、33 g 可消化蛋白质、1.2 g 磷和 1.8 g 钙。凡在妊娠期饲养管理得当的母羊,一般都不会缺奶。为了提高母羊泌乳力,应给母羊饲喂较多的鲜、干青草,多汁饲料和精料,并注意矿物质和微量元素的供给。对于哺乳期的母羊应做到以下几点。

(1)哺乳母羊的圈舍必须经常打扫,以保持清洁干燥,对胎衣、毛团、石块、烂草等要及时扫除,以免羔羊舔食而引起疫病。冬季母羊圈舍要勤换垫草,做好保暖措施。

(2)要经常检查母羊乳房,如发现有奶孔闭塞、乳房发炎、化脓或乳汁过多等情况,要及时采取相应措施予以处理。

(3)母乳是羔羊生长发育所需营养的主要来源,特别是产后头 20~30 d,母羊奶多,羔羊发育好,抗病力强,成活率高。如果母羊养得不好,不但母羊消瘦,产奶量少,而且影响羔羊的生长发育。

(4)刚生产后的母羊腹部空虚,体质虚弱,体力和水分消耗很大,消化机能较差,这几天要给易消化的优质干草,饮盐水,麸皮汤、青贮饲料和多汁饲料有催奶作用,但不要给得过早、太多,产羔的 1~3 d 内,如果膘情好,可少喂精料,以喂优质干草为主,以防消化不良或发生乳房炎。

(5)哺乳前期,一般哺乳母羊每天需补混合精料 500 g、苜蓿干草 3 kg、胡萝卜 1.5 kg。冬季尤其要注意补充胡萝卜等多汁饲料,确保奶汁充足。

(6)哺乳后期,母羊泌乳能力逐渐下降,且羔羊能自己采食饲草和精料,不依赖母乳生存,补饲标准可降低些,一般精料可减至 0.3～0.45 kg、干草 1～2 kg、胡萝卜 1 kg。

(7)羔羊吃奶时,防止将奶吃偏。小羊吃的次数多的乳房,以后奶包小;吃的次数少的乳房,以后奶包大。乳房过大或过小,乳房下垂者,影响羔羊吃奶。要人为控制小羊,使羔羊将两侧乳房的奶经常吃得均匀,保持母羊乳房及奶头的大小、高低适中。

(8)母羊和羔羊放牧时,时间要由短到长,距离由近到远,要特别注意天气变化,及时赶回羊圈。

(9)断乳前要减少供给母羊多汁饲料、青贮料和精料的喂量,防止乳房炎发生。

四、羔羊及育成羊的饲养管理技术

(一)羔羊的饲养管理技术

从出生至断乳(一般为 3～4 月龄)这一阶段的羊叫羔羊。羔羊是一生中生长发育最快的时期。据资料显示,小尾寒羊 4 个月内公羔体重从 3.61 kg 增长到 30.04 kg,母羔从 3.84 kg 增长到 27.33 kg。此时的消化机能还不完善,对外界适应能力差,且营养来源从母体血液、奶汁到草料的过程,变化很大。羔羊的发育又与以后的成年羊体重、生产性能密切相关。因此,必须高度重视羔羊的饲养管理,把好羔羊培育关。针对羔羊的生长特点,饲养管理上应把握以下几个环节。

1. 尽早吃足初乳

羔羊出生后 1～3 d 内,一定要使羔羊吃上初乳。初乳是指母羊在分娩后1～3 d 内分泌的乳汁。初乳不同于正常的乳,呈黄色浓稠状,含丰富的蛋白质、脂肪以及氨基酸,营养全面,维生素较为齐全和充足,含矿物质较多,特别是含有丰富的镁元素,具有轻泻作用,可促进胎便排出,含有大量的免疫蛋白,抗体多,是一种自然保护品,具有抗病作用,能抵抗外界微生物侵袭。初乳对羔羊的生长发育和健康起着特殊而重要的作用。初乳没吃好,将带来羔羊一生中难以弥补的损失。

初生羔羊，一般情况下在母羊舔干胎水后，很快会站立起来，自己寻找乳头，吮吸乳汁。体质较差的羔羊或初产母羊及母性（即恋仔性）差的母羊，需要人工扶助，让羔羊学会吃奶。一般单羔交替吮吸母羊两乳头，若是双羔，则固定乳头。生后 20 d 内，羔羊每隔 1 h 左右吃 1 次奶，20 d 以后羔羊每隔 4 h 左右吃 1 次奶，随着日龄的增加，吃奶的次数减少，时间间隔拉长。产三羔、多羔的要找保姆羊或使用羔羊奶粉按 1∶6 温水溶解调制成液态奶进行喂养，人工喂养前 3 d 要吃母乳，否则成活率低，即使成活了，其羔羊的抗病力也很弱，易患各种疾病。

2. 哺喂常乳

羔羊吃上 3 d 初乳后，一直到断乳是哺喂常乳阶段。羔羊出生后数周内主要靠母乳为生。先要加强哺乳母羊的补饲，适当补加精料和多汁饲料，保持母羊良好的营养状况，促进泌乳力，使其有足够的乳汁供应，喂给羔羊足够的全奶。要照顾羔羊吃好母乳，对一胎多羔羊要均匀哺乳，防止强者吃得多，弱者吃得少。

3. 及早补饲

为了使羔羊生长发育快，生长性能好，除吃足初乳和常乳外，还应尽早补饲，不但使羔羊获得更完善的营养物质，还可以提早锻炼胃肠的消化机能，促进胃肠系统的健康发育，增强羔羊体质。在羔羊 10～15 日龄后开始给予鲜嫩的青草和一些细软的优质干草、叶片，亦可将草打成小捆，挂在高处羔羊能够吃到的架上，供羔羊随时采食。为了尽快让羔羊吃料，最初可把玉米面和豆面混合煮稀粥或搅入水中让羔羊饮食，亦可将炒过的精料盛在盆内，使羔羊先闻其香，再舔食，或把粉状精料涂在羔羊嘴上，让其反复磨食，等它嗅到味香，尝到甜头，就会和大羊一样抢着吃料。

一般地，羔羊生后 7～10 d，开始给羔羊投饲青干草和饮水，羔羊舍内应常备有青干草、粉碎饲料或盐砖、清洁饮水等，以诱导羔羊开食。15～20 d，开始补饲混合料，以隔栏补饲最好，喂量随着日龄增加而增加。一般 15 日龄的日喂量为 50～75 g，1～2 月龄为 100 g，3 月龄为 200 g，4 月龄为 250～300 g。优质干草自由采食，并注意补充食盐和骨粉，保证充足饮水。

4.适度放牧

羔羊适当运动,可增强体质,提高抗病力。初生羔最初几天在圈内饲养5～7 d 后可以将羔羊赶到日光充足的地方自由活动,初晒 0.5～1 h,以后逐渐增加,3 周后可随母羊放牧,开始走近些,选择地势平坦、背风向阳、牧草好的地方放牧。以后逐渐增加放牧距离,母子同牧时走得要慢,羔羊不恋群,注意不要丢羔。30 日龄后,羔羊可编群放牧,放牧时间可随羔羊日龄的增加逐渐增加。不要去低湿、松软的牧地放牧,羔羊舔啃松土易得胃肠病,在低湿地易得寄生虫病。放牧时注意从小就训练羔羊听从口令。

5.适时断乳

羔羊断乳时,应根据生长发育情况科学断乳,发育正常的羔羊,到 3～4 月龄已能采食大量牧草和饲料,具备了独立生活能力,可以断乳转为育成羔。羔羊发育比较整齐一致,可采用一次性断乳。若发育有强有弱,可采用分次断乳法,即强壮的羔羊先断乳。瘦弱的羔羊仍继续哺乳,断乳时间可适当延长。断乳后的羔羊留在原圈舍里,母羊关入较远的羊舍,以免羔羊念母,影响采食。

断乳应逐渐进行,一般经过 7～10 d 完成。开始断乳时,每天早晨和晚上仅让母子羊在一起哺乳 2 次,以后改为哺乳 1 次。

(二)育成羊的饲养管理技术

从断乳到第一次配种的公、母羊称为育成羊。育成羊的年龄多在 4～12 月龄。育成羊一个较显著的特点就是营养物质需要较多,生长迅速,增重快。若育成期营养不足,则会造成体躯发育不好、生长发育受阻,影响以后作为种用羊的种用性能。饲养时应注意以下几点。

(1)羔羊断乳后转入育成阶段,不要同时断料,即使放牧也要继续补料。日粮以青、粗饲料为主,刚断乳后,可视情况补饲混合精料 15～30 d,每天0.2～0.5 kg/只。

(2)公、母羊发育在接近性成熟时应分群饲养,以防止乱交、早配,既影响育成羊的身体发育,引起早衰,又导致产下的羔羊初生重过小,后期发育受阻等现象。

（3）饲料应以青干草、青贮料及适度精料为宜。进入越冬舍饲期时，应以舍饲为主，放牧为辅，每天补饲混合精料 0.2～0.5 kg，公羊应多于母羊的饲料定额。

（4）在育成期间，应将不宜作为种用的公、母羊个体从羊群中淘汰出去，如淘汰公羊可做阉割育肥或做试情公羊使用。

（5）根据羊的品种、性成熟时期以及生长发育情况，合理确定初配年龄。母羊体重达到成年羊体重 70% 以上即可初配，公羊最好在 1 岁以上时才开始采精和配种，但不得迟于 1.5 岁。

五、肉羊的育肥技术

肉羊饲养的最终目的是生产优质羊肉，送到千家万户的餐桌上，为人们提供优质、味美的羊肉系列产品。肉羊的育肥是指商品羊在出售前 3 个月进行舍饲、添加优质牧草进行催肥，以提高商品羊的个体重、屠宰率和经济效益的一项有效措施。做好育肥前的准备，使肉羊的短期育肥取得明显效果，至少做好以下几点。

（一）了解肉羊的生长发育规律

在养羊业生产中，我们对肉羊育肥的目的就是利用肉羊自身的生长发育规律，通过相应的饲养管理措施，使羊体内肌肉和脂肪的总量得到增加，并使羊肉的品质得到改善，从而获得比较好的经济效益。因此，只有了解肉羊的生长发育规律，才能利用它，合理地组织肉羊育肥生产。根据羊的不同生长阶段，可人为地把羊分为哺乳期羔羊、育成期羔羊、成年期羊和老年期羊，下面分别阐述肉羊各个阶段的生长发育规律。

1. 哺乳期羔羊生长发育规律

哺乳期羔羊指羔羊出生到断乳这段时期的羔羊。哺乳期一般为 3～4 个月，是羔羊对外界环境逐渐适应的时期。羔羊由出生前完全依靠母体供应营养物质和氧气到出生后依靠自身的呼吸机能和消化机能获得氧气和营养物质是一个巨大的变化。但是，这段时期羔羊的主要营养物质来源仍依靠母羊的乳汁。出生后最初 1～2 周内,羔羊的体温调节机能、消化机能、呼吸机能都发育不全,适应环境能力很差,而此时期羔羊的生长发育又非常迅速。因此,在哺乳期育肥时必须加强对羔羊的饲养管理,否则,很容易造成羔羊死亡。

2.育成期羔羊生长发育规律

育成期是指羔羊由断乳到体成熟的这段时期,根据此期生长发育特点,又可分为幼年期羔羊和青年期羊。

(1)幼年期羔羊:指由断乳到性成熟这段时期的羔羊。幼年期羔羊由依赖母乳过渡到食用饲养,采食量不断增加,消化能力也大大加强。骨骼和肌肉迅速增长,各组织器官也相应增大,绝对增重逐渐上升。此时期是羔羊育肥的最有利时期。

(2)青年期羊:指由性成熟到体成熟发育阶段的羊。这个时期羊的各组织器官结构和机能逐渐完善,绝对增重达最高峰,以后则下降。对于肉羊而言,这一时期也是有效的经济利用时期。

3.成年期羊生长发育规律

成年期羊只体型已发育固定,自身已完全发育成熟,生产性能已达到最高峰,能量代谢水平稳定,营养条件良好情况下,能迅速沉积脂肪。

4.老年期羊生长发育规律

老年期羊只整个机体代谢水平开始下降,各种器官的机能逐渐衰退,饲料利用率和生产性能也随之下降,呈现各种衰退现象。

因此,羊只的生长发育具有明显的阶段性,各阶段的长短因品种而异,并且可能通过一定的饲养管理条件加快或延迟。羊只出生后肌肉的增多主要是肌肉纤维体积的增大,因此,老羊肉肌纤维粗糙,而羔羊肉肌纤维细嫩。脂肪沉积的部位也随不同时期而有区别。一般首先储存于内脏器官附近,其次在肌肉之间,继而在皮下组织,最后积储于肌肉纤维中,所以越早熟的品种,其肉质越细嫩。年老的羊只经过育肥,达到脂肪沉积于肌纤维间,肉质也可变嫩些。因此,肉羊育肥生产实践中,利用羊只不同阶段生长发育规律合理组织生产,将会收到较好的育肥效果。

(二)育肥前的准备工作

肉羊的短期育肥是否取得明显效果,在育肥前的准备至关重要。至少要做好以下几种准备。

1.羊舍的准备

因为要舍饲,故必须要有羊舍,饲养密度每只羊占 0.4～0.5 m^2,过大会造成基本建筑成本的增加,过小会引起羊舍的空气不新鲜、潮湿等,如氨的浓度增大会引起羊群的发病等。羊舍的地点应选在便于通风、排水、采光、避风向阳和接近放牧地及饲料仓库的地方。

2.饲草、饲料的准备

饲草、饲料是羊育肥的基础,在准备前,应根据羊只数量及每只羊每天需要量来计算饲草、饲料总的需要量。如每只羊每天要准备干草 2～2.5 kg,或青贮料 3～5 kg,或氨化饲料 3～5 kg 等;精料则按每只羊每天 0.2～0.5 kg 准备。

3.育肥季节的选择

因羊肉多用于做羊肉火锅,而"羊肉火锅"多在冬、春两季吃,所以羊肉在冬、春两季的市场需求量最大,商品羊在冬季出栏较为适宜,因此肉羊的育肥季节选在秋季最好,而且此季节气温适宜,牧草、农作物秸秆丰富,利于肉羊的快速生长和销售。当然了,育肥季节的选择应根据羊肉市场需求量的大小来确定。

4.育肥羊的一般管理工作

一般来讲,用于育肥的羊应首先选用当年的羊羔和青年羊,其次才是淘汰羊和老龄羊。选好育肥羊后,接着要做好以下工作。

(1)驱虫。因羊的体内外寄生虫很普遍,会严重影响山羊的正常生长。

(2)去势。对用于育肥的公羊未去势的一定要去势,因去势后的公羊性情温驯、肉质好、增重速度快。

(3)去角修蹄。因有角羊爱打斗,影响采食,所以要去角,方法是用钢锯在角的基部锯掉,并用碘酒消毒,撒上消炎粉。修蹄一般在雨后,先用果树剪将生长过长的蹄尖剪掉,再用利刀将蹄底的边缘修整到和蹄底一样平整。

(4)定时称重,做好记录。即对育肥羊进行育肥前后的称重,以便评价育肥效果,总结经验与教训。

5.育肥方式的选择

肉羊的育肥方式根据划分的标准而异。一般地,按照规模大小可分为适度规模的农区型育肥、中等规模的牧区型育肥和专业规模的集约型育肥;按照羊只年龄可分为哺乳期羔羊育肥、断乳羔羊快速育肥和成年羊快速育肥;按照饲养方法可分为舍饲育肥、放牧育肥和混合育肥等。

(1)按照规模大小划分为以下 3 种。

①适度规模的农区型育肥:适用于饲草料资源丰富的广大农区,可利用农作物秸秆、藤蔓、农副产品等,也可利用秸秆的青贮、氨化、草粉发酵等的饲料资源。同时,它的饲养成本较低,放牧方式较灵活,可进行多种形式放牧,例如采用田间地头的牵牧、拴牧、联户放牧等。同时,也可使用草山草坡和林间草场,这些草场养羊的适度规模以每户 50 只能繁母羊为最适宜规模,效益较好。

②中等规模的牧区型育肥:此种规模饲养的羊只数量多、经营管理粗放;一般全年放牧,冬季少量补饲,羊群出栏率和商品率低等。此种规模饲养要注意:夏秋季放牧育肥羔羊,入冬前宰杀,而在冬春季节,保存繁殖母羊及后备羊,减少饲养成本;一般牧区在 7~9 月份产草量最高,牧草营养价值也较高,利用此期育肥羔羊生长速度快,在经济上是最合算的。

③专业规模的集约型育肥:是建立在当代畜牧科学技术和经营管理水平基础之上的企业经营,它按工厂化肥羔生产或工厂化生产养羊。我国肉羊生产养羊起步较晚,主要是受传统观念、经济水平等因素限制,目前有一些企业正在推行集约化羊业生产。

(2)按照羊只年龄划分为以下 3 种。

①哺乳期羔羊育肥:是利用羔羊生长发育快的特点,采取相应的饲养管理技术,当体重达到一定要求时即屠宰上市的育肥方式。它可分为提前断乳(1.5 月龄)和不提前断乳 2 种育肥方式。此种育肥方式的优点是能获得最大的饲料报酬,节省育肥成本,能获得最大的经济效益。但此期育肥特点是胴体偏小,羔羊来源少,规模上受到限制。

②断乳羔羊快速育肥:羔羊断乳后进行育肥是肉羊生产的主要方式,因为

断乳后羔羊除小部分选留到后备群外,大部分要进行出售处理,一般地讲,对体重小或体况差的羔羊进行适度育肥,对体重大或体况好的进行强度育肥,均可进一步提高经济效益。此种技术灵活多样,可根据当地草场、农作物秸秆情况和羔羊类型选择育肥方式。

③成年羊快速育肥:是利用成年羊特别是成年母羊补偿生长的特点,采取相应的育肥措施,使其在短期内达到一定体重而屠宰上市。成年羊育肥一般要注意下列问题:一是选择膘情中等偏上的羊只育肥。已经很肥的羊只不宜再育肥,膘情太差的羊可能是早期生长发育受阻或年龄过老造成的,也难以达到育肥效果。二是要合理配制日粮。根据成年羊瘤胃消化机能完善和脂肪增加为主的特点,充分利用牧草生长和能量饲料,以便降低饲养成本。三是严格控制育肥在 50 d 左右。因为此时成年羊的生长发育已基本停止,当补偿生长完成后,其饲料转化率和生长速度都会降低,育肥时间过分延长已经没有经济效益了。

(3)按照饲养方法划分为以下 3 种。

①舍饲育肥:即在舍饲饲养条件下,按照饲养标准配制日粮,并以较短的肥育期和适当投入生产羊肉的一种育肥方式,一般适用于规模化肉羊生产。一般注意下列 2 点:一是充分地利用农作物秸秆、干草及农副产品;二是精料可以占到日粮的 45%~60%,随着精料比例的增高,羊只育肥强度加大,应给羊只一定的适应期,并在精料中添加适量小苏打等缓冲盐,以防采食精料过多引起酸中毒、肠毒血症、尿结石等疾病。羊场如有条件的话,可以购买挤压式饲料干法制粒机,生产加工颗粒料,饲喂效果最好。

②放牧育肥:就是利用天然草场、人工草场或农村的秋茬地放牧抓膘的一种育肥方法。具体放牧方法将在本节"七、羊的放牧"中讲述。

③混合育肥:是在放牧的基础上,根据羊只的具体情况,同时补饲一些混合精料进行的育肥。主要注意以下 2 点:一是放牧羊只是否转入舍饲育肥,主要看羊只的膘情和体重情况等;二是根据牧草生长情况和羊只采食情况,采取分批舍饲与上市的方法效果较好。

六、养羊规模及羊群结构的确定

养羊规模要适宜,其规模的大小应根据农民家庭的综合条件,包括家庭经济状况,现有劳动力多少以及耕地、草地、饲草、饲料数量等来决定。对于农村的养殖户,一般每个劳力可饲养羊 50～80 只。切不可不顾实际地盲目发展。如果是发展羊场进行饲养,可根据当地畜牧生产的区域性特征,按照适度规模的农区型、中等规模的牧区型以及专业规模的集约型 3 种规模进行饲养。

合理安排羊群结构也是养羊的一个重要部分。先要确定当年的养羊头数。根据育肥羊的出栏头数等于或稍小于羔羊的成活数的原则得出成年母羊应占整个羊群的 50% 左右。再根据成年母羊以每年 15% 左右的比例淘汰,加上并不是所有的母羊都能成为后备母羊,所以母羊羔应占整个羊群的 20% 左右。这样,各年龄段的母羊应占全群羊数的 70% 左右,各年龄段的公(阉)羊应占整个羊群的 30%。如果将羊群控制在一定数量(当年育肥羊的出栏数等于当年羔羊的成活数),当年羊羔应占整个羊群的 40%(包括 20% 的母羊羔及相应的公羊羔),如果要扩大当年的羊群规模,育肥羊的出栏数就应小于当年羔羊的成活数。

七、山羊的放牧

山羊的特点是活泼好动,喜攀登高处,合群性强,喜干燥厌潮湿。生产中就要根据它的特点进行管理。上午露水未干时不能放牧,在草架内或草筐投牧草进行补饲,带羔羊及育肥羊还要分栏另行加喂一点精料。一般根据放牧时间的长短、季节、草场好坏,每只羊每天上午分次投饲 1～2.5 kg 的牧草。水槽内不能断水。放牧前要事先上山开辟通道,开始几个月采用前牵后赶的方式把羊赶上山,并计划好山场,有计划地轮流放牧,放牧时间应尽可能安排多些,待露水干后即可出牧,夏日炎热时中午可赶回休息或在树荫下歇息。尽可能做到每只羊 1 d 中吃饱 3 次。据我们多次实践观察,8:00 出牧后 2 h 内,羊群采食有一个认真吃草的高峰,也不太挑食,吃饱后有一个休息过程,中间还有一个采食高峰,收工回栏前 2 h 又有一个认真吃草的高峰,这是最理想的情况,称为"一天三个饱,年年产双羔"。如放牧时间不足就会出现采食不足。如上午不补饲,放牧时间又少,那就会造成羊群"骨瘦如柴"的局面。羊群怕水也怕雨,放牧中遇到大阵雨,羊群会自动跑回羊栏,待雨停后可以再赶上山。如遇春季连续下雨,只要雨不太大,是微风微雨,也可以照常放牧。平时要发现和训练好头羊。公羊不能当头羊,要选择每次放牧都走在前头、产羔多而又健壮的母羊当头羊。放牧区域应按照"冬放阳坡春放背,夏放岗头秋放地"的原则适当安排。种公羊最好不要随群放牧,单独关在栏舍饲喂,每天至少补饲0.5 kg精料及7.5 kg左右的青草。

(一)四季放牧管理要点

(1)春季放牧。因羊经过了漫长的冬春枯草季节,羊只膘差、嘴馋,易贪青而造成下痢,或误食毒草中毒,或是青草胀。春季草嫩,含水量高,早上天冷,不能让羊吃露水草,否则易引起下痢。

(2)夏季放牧。夏季的气候特点是炎热、暴雨,蚊虫多,应做好防暑降温工作。

(3)秋季放牧。秋季天高气爽,牧草丰富,而且草籽逐渐成熟,应该是"满山遍野好放羊"的季节。

(4)冬季放牧。冬季天渐转寒,植物开始枯萎或落叶,并有雨雪霜冻。放牧中应注意防寒,保暖,保膘,保羔。

(二)放牧注意的问题

(1)放牧地点要随季节变化。冬春天气寒冷时应在阳坡上放牧,夏天高温时在通风良好的高地放牧,而秋季可在山腰或平地放牧。

(2)放牧时间要控制。草场好,草丰盛时,可缩短放牧时间,反之如果草稀少,枯黄时,应延长放牧时间,春天青草鲜嫩,适口性好,但干物质含量较低,此时羊爱吃,采食快,但消化也快,容易饿,而且鲜嫩牧草采食过多易拉稀。因此要注意控制采食量,归牧后适当补喂干草和精饲料,以防止腹泻和掉膘。秋冬季草质和适口性差,要适当延长放牧时间。

(3)要防止感染寄生虫。在肝片吸虫、绦虫、线虫等寄生虫的生活史上,螺、螨、蚂蚁等是中间宿主,这些宿主在潮湿阴雨、晨露等环境中活动频繁。山羊如采食了寄生虫宿主密度大的饲草,就会感染寄生虫。因此,早晨和雨天不要放牧,一般待露水干后把羊全放出去;采割回来的鲜草,应该在晾干后喂羊。

八、山羊舍饲技术

1.做好饲养管理

切实做好科学化的饲养管理是预防羊病的重要基础。实践证明,大多数羊病都是饲养管理不当所致。应依据羊的生活习性做好"吃、住、行"3个字:吃——喂饱草、补精料、配制日粮标准化。住——夏通风、冬保暖、清洁卫生栏干燥。行——舍饲羊群要运动、孕后期羊防跌倒。

2.禁止到疫区购羊

从非疫区购来的羊也应先隔离饲养1个月,待确实证明无病后,方能混入原有的羊群内。

3.做好疫苗和菌苗的接种免疫(打预防针)

大多数地区必须注射以下4类苗。

(1)羊痘弱毒冻干苗。用生理盐水稀释50倍,不论羊只大小,一律在其尾根下侧皮下注射0.5 mL,每年注射1次。

(2)羊四联灭活疫苗。可预防4种传染病(羊快疫、羊猝疽、羊肠毒血症、羔羊痢疾)。每年注射2次,可安排在3月份和9月份各1次。

(3)山羊传染性胸膜肺炎氢氧化铝菌苗。可安排在每年4月1次,肌肉注射或皮下注射,6月龄以下的羊每只用3 mL,6月龄以上的羊每只用5 mL。

(4)牛O型五号病灭活疫苗。每年注射2次,剂量按说明书。

4.定期对羊舍进行消毒

最好每10～15 d消毒1次。可供选用的消毒液有0.5%过氧乙酸液、双链季铵盐、3%来苏儿溶液、30%溴氯海因1∶400稀释液。

5.定期驱虫

在山羊放牧和肉羊舍饲喂食青草期间,易感染寄生虫病。要求每个季节驱虫1次,可选用以下驱虫药。

（1）丙硫苯咪唑（又称抗蠕敏）。每千克体重用 15 mg 灌服。

（2）左旋咪唑。片剂：每千克体重用 10 mg；针剂：每千克体重用 7.5 mg，肌肉注射（此药副作用较大，慎用）。

（3）伊维菌素。可同时驱除体内线虫和体外寄生虫（虱、蜱、螨虫），但对吸虫和绦虫无效。使用针剂，每千克体重用 0.2 mg，皮下或肌肉注射；使用粉剂，每千克体重用 0.2 g，可混入少量精料内喂饲或用水调匀后灌服。

第二节　山羊的繁育技术

一、山羊初情期、性成熟和初配年龄

（一）公羊的初情期、性成熟和初配年龄

1.初情期

公羊的初情期是指公羊开始出现性行为，并第一次释放出精子的时期，是性成熟的初级阶段。此时，羊虽然已经初步具备了繁殖能力，但其身体发育还未成熟，如果配种会增加公羊的负担，并可能影响今后的繁殖性能。因此，在初情期前公、母羊应该分群饲养，防止幼羊随意交配。在正常饲养管理条件下，引进品种的绵羊和山羊公羊初情期一般为 7 月龄左右。国内地方品种公羊初情期相对较早，一般为 4～7 月龄。

2.性成熟

公羊的性成熟是指公羊生长到一定年龄后，生殖机能达到比较成熟阶段，生殖器官已发育完全，并出现第二性征，能产生成熟的具有受精能力的精子。公羊达到性成熟后，虽然已经具备了正常繁衍后代的能力，但其身体仍在继续生长发育。如果此时配种，必定会影响公羊身体的进一步生长发育，也会降低繁殖力。所以，公羊即使性成熟后也不应过早让公羊配种。影响公羊初情期、性成熟年龄的因素较多，如品种、营养水平、环境因素以及个体差异等。一般

公羊达到性成熟的年龄与体重增长速度是一致的,体重增长快的个体,其达到性成熟的年龄比体重增长慢的个体早。

3.初配年龄

初配年龄是我们在生产中根据公羊的生长发育情况以及生产实际需要人为确定的。一般公羊的初配年龄在性成熟年龄之后再推迟数月,一般公羊在12～15月龄即可开始初配。在实际生产中,种羊场对种公羊的初配年龄应该严格掌握,不宜过早或过迟;商品羊场则可以适度提早开始初配。公羊的初配年龄应根据羊的品种、饲养管理条件以及不同地区气候条件而定,不能一概而论。

(二)母羊的初情期、性成熟和初配年龄

1.初情期

母羊生长发育到一定年龄时,第一次发情和排卵,这个时期即为母羊的初情期,它是母羊性成熟的初级阶段。初情期以前,母羊的生殖道和卵巢增长较慢,不表现性活动和性周期。初情期后,随着第一次发情和排卵,生殖器官的体积和重量迅速增长,性机能也随之逐步发育成熟。此时,母羊虽有发情表现,但不明显,发情周期往往时间变化较大。气候对母羊初情期的影响很大,一般南方母羊的初情期早于北方。营养条件良好时,母羊初情期表现较早;反之,初情期则推迟。母羊初情期一般为4～6月龄。

2.性成熟

母羊的性成熟期受品种、气候、个体、饲养管理等因素的影响。一般早熟品种比晚熟品种性成熟早,气候温暖地区的羊比寒冷地区的性成熟早,饲养管理条件好,发育良好的个体性成熟也早。一般绵羊和山羊在6～10月龄性成熟,此时体重为成年体重的40%～60%。我国绵羊性成熟较早,蒙古羊5～6月龄,小尾寒羊4～5月龄就能配种受胎。山羊一般比绵羊性成熟早,寒冷地区的山羊在4～6月龄,温暖地区在3月龄左右,营养好的青山羊60日龄即发情。

3.体成熟

母羊的体成熟是指母羊生长到一定时期后,生殖器官已发育完全,并且具有羊的固有外貌特征,基本达到生长完成的时期。从性成熟到体成熟要经过一定的时间。母羊体成熟时间,早熟品种为 8～10 月龄,晚熟品种为 12～15 月龄,此时体重为成年羊体重的 70%左右。

4.初配年龄

山羊的初配年龄较早,与气候条件、营养状况有很大的关系。南方有些山羊品种 5 月龄即可进行第一次配种,而北方有些山羊品种初配年龄需到 1.5 岁。通常山羊的初配年龄多为 10～12 月龄,绵羊的初配年龄多为 12～18 月龄。分布于江浙一带的湖羊生长发育较快,母羊初配年龄为 6 月龄。我国广大牧区的绵羊多在 1.5 岁时开始初次配种。由此看来,分布于全国各地不同的绵羊、山羊品种其初配年龄很不一致,但在实际生产中,要根据羊的生长发育来确定,一般羊的体重达到成年体重的 70%时,进行第一次配种较为适宜。如果体重过小,配种过早对母羊本身及胎儿的生长发育都会有不良影响。山羊初情期、性成熟、初配年龄和繁殖停止年龄的比较见表 4-1。

表 4-1　山羊初情期、性成熟、初配年龄和繁殖停止年龄

初情期		性成熟		初配年龄		繁殖停止年龄	
公羊	母羊	公羊	母羊	公羊	母羊	公羊	母羊
4～6 月龄	4～6 月龄	6～10 月龄	6～10 月龄	1～1.5 岁	1～1.5 岁	7～8 岁	7～8 岁

二、配种繁殖计划

在现代肉羊生产中,如何安排母羊的周年配种繁殖计划才能取得较好效果呢? 主要是缩短母羊的产羔间隔,提高母羊在一年中的产羔频率。如通过选育四季发情品种、采用诱导发情技术、诱发分娩技术等。但在生产实践中,必须因地制宜地从羊场所处的地域生态条件、饲养羊品种的繁殖特点、饲料资源情况以及管理和技术水平等实际出发来合理安排母羊的周年繁殖。

从理论上讲,母羊怀孕时间平均为 5 个月,发情周期不超过 25 d(绵羊 14～19 d,山羊 19～24 d),母羊的产后第一次发情可在产后 60 d 以内实现,那么,在一年的 12 个月内实现母羊繁殖 2 次是可能的。现实生产中,也有这样

的情况,如我国小尾寒羊、湖羊、黄淮山羊等品种母羊,在良好的饲养管理条件下,可年产 2 胎。但是肉羊生产最终追求的是通过提高繁殖成活率而获取的经济效益。因此,在自然或人工条件下致使母羊多胎多产,必须配套相关技术措施和管理条件(羔羊早期断乳技术、人工代乳料等)来保证羔羊的成活及生长发育。目前母羊繁殖产羔体系有 1 年 2 产、2 年 3 产、3 年 4 产等几种模式。分别根据这几种模式列举以下几种配种繁殖计划。

(一)1 年 2 产体系的配种繁殖计划

1 年 2 产体系可使母羊的年繁殖率提高 90%～100%,在不增加羊圈设施投资的前提下,母羊生产力提高 1 倍,生产效益提高 40%～50%。1 年 2 产体系的第 1 产配种宜选在 12 月份进行,第 2 产选在 7 月份。

(二)2 年 3 产体系的配种繁殖计划

用该体系组织羊业生产,生产效率比 1 年 1 产体系增加 40%。该体系一般有固定的配种和产羔计划,如 5 月份配种,10 月份产羔;1 月份配种,6 月份产羔;9 月份配种,翌年 2 月份产羔。羔羊一般 2 月龄断乳,断乳后 1 个月配种。为了达到全年均衡产羔,在生产中,将羊群分成 8 个月产羔间隔相互错开的 4 个组,每 2 个月就有 1 批羔羊屠宰上市。如果母羊在第 1 组内未配上或妊娠失效,2 个月后可参加下一组配种。

(三)3 年 4 产体系的配种繁殖计划

该体系一般适合于多胎品种的母羊。一般首次在母羊产后第 4 个月配种,以后几轮则是在第 3 个月配种,即首次 1 月份、4 月份、6 月份和 10 月份产羔,5 月份、8 月份、10 月份和翌年 2 月份配种。这样,全群母羊的产羔间隔为6 个月和 9 个月。

(四)3 年 5 产体系的配种繁殖计划

该体系是一种全年产羔方案的体系。羊群可分为 3 组,第 1 组母羊在第1 期产羔,第 2 期配种,第 4 期产羔,第 5 期再配种;第 2 组母羊在第 2 期配种,第 5 期产羔,第 1 期再次配种;第 3 组母羊在第 3 期产羔,第 4 期配种,第 1 期产羔,第 2 期再次配种。如此周而复始,产羔间隔 7.2 个月。对于 1 胎 1 羔的母羊,1 年可获 1.67 个羔羊;若 1 胎产双羔,1 年可获 3.34 个羔羊。

三、发情、发情周期与发情鉴定

(一)发情和发情周期

发情是指母羊到了性成熟以后,会出现一种周期性的性活动现象。

1. 发情征兆

母羊发情有 3 方面的变化:一是行为变化,母羊发情时,发育的卵泡分泌雌激素与少量孕酮协同作用,刺激神经中枢,引起兴奋,使母羊精神上表现出兴奋不安,对外界刺激反应敏感,常咩叫,食欲减退,有交配欲,主动接近公羊,在公羊追逐或爬跨时常站立不动。二是生殖道的变化,在雌激素与孕激素共同作用下,外阴部松弛、充血、肿胀、阴蒂勃起、阴道黏膜充血,并分泌有利于交配的黏液,子宫口松弛、充血、肿胀。发情期初期黏液分泌量少、稀薄且透明,中期黏液量增多,末期黏液浓稠但量减少。子宫腺体增大,充血、肿胀,为受精卵的发育做好准备。三是卵巢变化,在发情的前 2~3 d 卵巢的卵泡发育很快,卵泡内膜增厚,卵泡液增多,卵泡突出于卵巢表面,卵子被颗粒层细胞包围。绵羊发情外表征状不明显,处女羊发情更不明显,多拒绝公羊爬跨。有的山羊发情比绵羊明显,特别是奶山羊,发情时食欲不振,不断咩叫,摇尾,不断爬跨别的山羊,外阴潮红肿胀,阴门流出黏液。

母羊每次发情后持续的时间称为发情持续期。绵羊的发情持续期平均为 30 h 左右,山羊的为 24~48 h。母羊一般在发情后排卵,卵子在输卵管中存活的时间为 4~8 h,公羊精子在母羊生殖道内维持受精能力最旺盛的时间约为 24 h,为使精子和卵子能及时结合,最好在排卵前数小时配种,因此,比较适宜的配种时间应在发情中期。在生产实践中,早晨试情后,对发情母羊立即配种,为保证受胎,傍晚应再配 1 次。

2. 发情周期

母羊从上一次发情开始到下一次发情的间隔时间称为发情周期。根据卵巢的机能和形态变化将发情周期可分为卵泡期和黄体期 2 个阶段。卵泡期是在周期黄体退化,血液中孕酮水平显著下降之后,卵巢中卵泡迅速生长发育,最后成熟和排卵的一段时期,此时母羊表现发情。当卵泡期结束,破裂卵泡发育为黄体,则进入黄体期。在黄体分泌的孕激素(孕酮)的作用下,卵泡的发育被抑制,母羊的性行为处于静止状态,不表现发情。在未受精的情况下,经过十几天黄体退化,转而进入下一个卵泡期,再次表现发情。一个完整的发情周期可以分为发情前期、发情期、发情后期和间情期。

(1)发情前期:是发情周期的开始时期,也是卵泡的准备时期。此期的特征是阴道和阴门黏膜轻度充血、肿胀,阴道黏膜的上皮细胞增生,子宫颈略微松弛开放,腺体分泌活动逐渐增强,分泌少量黏液。但母羊还没有性欲表现,也不接受公羊或其他羊的爬跨。

(2)发情期:是母羊性欲达到高潮的时期,卵巢内卵泡迅速发育。此期的基本特征是在雌激素的强烈刺激下,母羊精神高度兴奋不安,阴道和阴门黏膜充血、肿胀明显;子宫黏膜显著增生,子宫颈充血、松弛,子宫颈口开张、湿润;黏液分泌量多,在阴门处可见大量稀薄透明的黏液,并有少量黏液流出阴门外;母羊性欲表现强烈,愿意接受爬跨。这段时期绵羊为 24～36 h,山羊为 24～48 h。

(3)发情后期:是排卵后黄体开始形成阶段,孕酮水平升高,作用加强。此期的特征是母羊精神逐渐由兴奋变安静,阴道、阴门等生殖器官充血、肿胀开始逐渐消退,子宫内膜逐渐增厚,子宫颈口封闭,黏液分泌量少但黏稠。

(4)间情期:是发情后期至下一次发情期的一段时间,也是黄体活动的时期。其间黄体继续增长,子宫黏膜厚度增长,子宫腺增生肥大而弯曲,分泌加强,产生子宫乳。如卵母细胞受精,这一阶段还延续下去;如未受精,则黄体退化,作用消失,子宫黏膜变薄,腺体缩小,分泌减少,卵巢内又有新的细胞开始生长发育。此期的特征是母羊的性欲已经完全消退,精神也恢复正常。间情期是发情周期中时间最长的时期。

山羊发情周期、发情持续期及排卵时间的比较见表 4-2。

表 4-2 山羊发情周期、发情持续期及排卵时间的比较

发情周期/d	发情持续期/h	排卵时间
20(18～22)	24～48	发情结束后不久

3.发情周期特点

羊属季节性多次发情动物,每年发情的开始时间及次数,因品种及地区气候不同而有所差异。例如,我国北方的绵羊多在每年的 8～9 月份发情,而我国温暖地区的湖羊发情季节不明显,但大多集中在春、秋季,南方地区农户饲养的山羊发情季节也不明显。

接近繁殖期时,将公、母羊合群同圈饲养,能诱发母羊性活动,使配种提前,并能缩短产后至排卵的时间间隔。

(1)发情周期。绵羊平均为 17 d(14～20 d),山羊平均为 20 d(18～22 d)。

(2)产后发情。一般是指母羊分娩后第一次出现的发情。母羊产后发情大多在分娩后 1 个月前后,早的仅有 6～7 d,产后发情出现的早晚与品种、遗传、体况等因素有关。

(3)发情期。发情持续期绵羊为 24～36 h,山羊为 26～42 h。初配母羊发情期较短,年老母羊较长。绵羊的发情征状一般不太明显,而山羊的发情征状一般较为明显。

(4)排卵时间。绵羊排卵时间一般都在发情开始后 20～30 h,山羊排卵的时间一般在发情开始后的 35～40 h。绵羊在发情季节初期会经常发生安静排卵,但山羊发生安静排卵的现象较少。

(二)发情鉴定

掌握母羊发情鉴定技术,确定适时输精时间是很重要的。其目的是及时发现发情母羊,正确掌握配种时间,防止误配、漏配,提高受胎率。母羊的发情期短,外部表现不明显,特别是绵羊,不易及时发现和判定发情开始的时间。母羊发情鉴定方法主要有试情法、外部观察法和阴道检查法。

1.试情法

该方法就是在配种期内,每日定时(早、晚各 1 次)将试情公羊按 1:40 的

比例放入母羊群中,让公羊自由接触母羊,挑出发情母羊,但不让试情公羊与母羊交配。具体做法如下。

(1)试情公羊的选择。试情公羊应挑选2～4岁身体健壮、性欲旺盛的个体。

(2)试情公羊的准备。为防止试情公羊在试情过程中发生偷配,可以对试情公羊做以下处理。①戴兜布(也称试情布)。取一块细软的布,四角缝上布带,在试情前系在试情公羊腰部,兜住阴茎,但不影响试情公羊行动和爬跨。每次试情完毕,要及时取下兜布,洗净晾干。②结扎输精管。选择1～2岁健康公羊,进行输精管结扎手术。一般在每年的4～5月份进行手术,因为这时天气凉爽,无蚊蝇,伤口易愈合。③阴茎移位。通过手术剥离阴茎一部分包皮,然后将其缝合在偏离原来位置约45°的腹壁上,待伤口愈合后即可用于试情。④佩戴着色标记。在试情公羊腹下佩戴专用的着色装置,当公羊爬跨母羊时,在母羊背上留下着色标记。

(3)试情方法。首先把待鉴定的母羊群圈入试情圈内。试情公羊进入母羊群后,会用鼻去嗅母羊,或用蹄去挑逗母羊,甚至爬跨到母羊背上,如果母羊不动、不跑、不拒绝,或伸开后腿排尿,这样的母羊就是发情羊,应及时做标记或挑出准备配种。

(4)试情时应注意的问题。①试情圈地面应干燥,大小适中。圈大羊少,增加试情公羊的负担;圈小羊多,容易漏选、错选发情母羊。试情圈面积以每只羊1.2～1.5 m² 为宜。②试情公羊的头数为母羊数的3%～5%,试情时可分批轮流使用。③被试出的发情母羊迅速放在另一圈内。试情结束后,最好选用另一头试情公羊,对全部挑出的发情母羊重复试情1次。④试情期间,由专人在羊圈中走动,把密集成堆或挤在圈角的母羊轰开,但不要追打和大声喊叫。⑤试情公羊不用时要圈好,不能混入母羊群中。同时,试情公羊在试情期间应适当补料,以使其保持良好的种用体况和旺盛的性欲。⑥配种季节每次试情时间为1 h左右,试情次数早晚各1次。根据母羊发情晚期排卵的规律,可以采取早、晚2次试情的方法配种,早晨选出的母羊下午配种,第2天早晨再复配1次。晚上选出的母羊到第2天早晨配种,下午进行复配,这样可以大大提高受胎率。

2. 外部观察法

直接观察母羊的行为征状和生殖器官的变化来判断其是否发情,这是鉴定母羊是否发情最常用的方法。山羊发情表现较为明显,绵羊发情时间短,外部表现不大明显,观察判断发情时要认真细致。

发情母羊的主要表现是精神兴奋不安,食欲减退,不时地高声咩叫,喜欢接近公羊,并强烈摇动尾巴,当公羊靠近或爬跨时站立不动,并接受其他羊的爬跨,在放牧时常有离群表现。同时,发情母羊的外阴部及阴道充血、肿胀、松弛,并有少量黏液流出,发情前期,黏液清亮,发情后期,黏液呈黏稠面糊状。

3. 阴道检查法

利用阴道开膣器来观察阴道黏膜、分泌物和子宫颈口的变化来判断羊发情与否。将清洁、消毒的羊开张器插入阴道,借助光线观察生殖器官内的变化,如阴道黏膜的颜色潮红充血,黏液增多,子宫颈潮红,颈口微张开等,可判定母羊已经发情。

4. "公羊瓶"试情法

公山羊的角基部与耳根之间,分泌一种性诱激素,可用毛巾用力揩擦后放入玻璃瓶中,这就是所谓的"公羊瓶"。试验者手持"公羊瓶",利用毛巾上的性诱激素气味将发情母羊引诱出来。

四、繁殖季节与配种方式

(一)繁殖季节

由于羊的发情表现受光照长短变化的影响,而光照长短变化是有季节性的,所以羊的繁殖也是有季节性规律的。母羊大量正常发情的季节,称为羊的繁殖季节。

1. 山羊的繁殖季节

光照对山羊发情表现的影响没有绵羊明显,所以山羊的繁殖季节多为常年性的,一般没有限定的发情配种季节。但生长在热带、亚热带地区的山羊,

5～6月份因为高温的影响也表现发情较少。生活在高寒山区,未经人工选育的原始品种藏山羊的发情配种也多集中在秋季,呈明显的季节性。

2.公羊的繁殖季节

不管是山羊还是绵羊,公羊都没有明显的繁殖季节,常年都能配种。但公羊的性欲表现,特别是精液品质,主要受环境温度的影响,也呈现出季节性变化的特点,一般还是秋季最好。

羊的配种季节要根据每年产羔次数要求及时间而确定。一般采取秋配春产的方式。秋季为短日照,经过夏、秋季抓膘,羊的膘情好,体质强健,发情排卵整齐,配种受胎容易,有利于胎儿发育,经过一个较长冬季的枯草期,到第二年春暖花开时产羔,羔羊成活率高。在我国高寒地区的羊,繁殖有明显的季节性,多为一年繁殖一次;在平原农区,气候温暖,草料充足,其繁殖季节性不明显,可常年繁殖,1年2次或2年3次,多在春、秋季配种。例如2～3月份产羔的母羊,在3～4月份配种,8～9月份产羔,9～10月份再次配种,第2年2～3月份又产羔。

(二)配种方法

羊的配种方法有自然交配、人工辅助交配和人工授精3种。自然交配现在只有一些条件较差的生产单位和农村使用,在条件较好的地区和单位多用人工辅助交配和人工授精方法。

1.自然交配

自然交配,又叫本交,是按一定公母比例,将公羊和母羊同群放牧饲养,一般公母比为1:(15～20),最多1:30。母羊发情时便与同群的公羊自由进行交配。其优点是省工省时,节省人力、物力,可以减少发情母羊的失配率,受胎率较高。这种方法适合牧区居住分散的家庭小型牧场和农村散养户,但有以下的不足之处。

(1)公母羊混群放牧饲养,配种发情季节,性欲旺盛的公羊经常追逐母羊,影响采食和抓膘。

(2)公羊需求量相对较大,一头公羊负担15～30头母羊,不能充分发挥优秀种公羊的作用。特别是在母羊发情集中季节,无法控制交配次数,公羊体力消耗很大,将降低配种质量,也会缩短公羊的利用年限。

(3)由于公母混杂,无法进行有计划的选种选配,后代血缘关系不清,并容易造成近亲交配和小母羊早配现象,从而影响羊群质量,甚至引起品种退化。

(4)不能记录准确的配种日期,也无法推算分娩时间,给产羔管理造成困难,易造成意外伤害和怀孕母羊流产。

(5)由生殖器官接触传播的传染病不易预防控制。

2. 人工辅助交配

全年将公、母羊分群隔离饲养或放牧,在配种期内用试情公羊试情,发情母羊用指定公羊配种。这种配种方法不仅可以减少公羊体力消耗,提高种公羊的利用率,而且有利于选配工作的进行,可防止近亲交配和早配,有利于母羊群采食抓膘,能记录配种时间,做到有计划地安排分娩和产羔管理等。在母羊群不大、种公羊数较多的羊场或农户,可以采用人工辅助交配。交配时间一般是早晨发情的母羊傍晚进行配种,下午或傍晚发情的母羊于次日早晨配种。为确保受胎,最好在第 1 次交配后,间隔 12 h 左右再重复交配 1 次。

3. 人工授精

人工授精是利用器械用人工方法采集公羊的精液,经过精液品质检查和一系列处理后,再利用输精器械将精液输入到发情母羊生殖道内,使母羊受胎的配种方法。它最大的优点是可以充分利用经过精心测定和选择的优秀种公羊,与本交相比,公羊所配母羊数可提高数十倍,加速了羊群的遗传进展,扩大了良种的推广利用面;有助于做好配种记录,能及时发现一些有不孕症的母羊和有计划地安排分娩产羔;可以防止疾病传播;减少种公羊饲养数目,节约饲养种公羊的费用。在羊的杂交改良生产中,如果引进的种公羊数量较少,人工授精是极为有效的配种方法。

五、妊娠与妊娠鉴定

妊娠又称怀孕,是卵子受精开始到胎儿发育成熟后与其附属物共同从母体排出前母体复杂的生理过程。

（一）妊娠期

母羊自发情接受交配或输精后,精卵结合形成胚胎开始到发育成熟的胎儿出生为止的整个时期为妊娠期。通常以母羊最后一次接受交配或输精的那一天开始到分娩为止。

1.妊娠期的长短

羊的妊娠期因品种、年龄、胎儿数、胎儿性别以及环境因素而有所变化。一般早熟品种、年轻母羊、怀双胎或多胎、怀雌性胎儿的母羊妊娠期可能稍短。绵羊的妊娠期平均为 150 d(146～157 d),山羊的妊娠期平均为 152 d(146～161 d)。

2.影响母羊妊娠期的因素

(1)遗传因素。不同品种母羊妊娠期不同,品种相同而品系不同的母羊妊娠期也略有不同。一般山羊的妊娠期略长于绵羊,早熟品种妊娠期较短如萨福克羊为 144～147 d,晚熟细毛羊品种妊娠期较长如美利奴羊平均为 149～152 d。

(2)环境因素。季节和光照对妊娠母羊自身的生活和胚胎的生长发育都影响较大,因此与妊娠期的长短有关。一般母羊在春季产羔的妊娠期比在秋季产羔的妊娠期长。

(3)营养因素。营养水平低,特别是妊娠后期和怀双羔时营养水平低,有使妊娠期缩短的趋势。有报道,绵羊在妊娠 108 d 后,给予营养水平低的饲养,妊娠期可缩短 1～5 d。

(4)胎儿因素。胎儿的大小、数目和性别也会影响妊娠期的长短。一般怀双羔或多羔的母羊妊娠期比怀单羔的母羊妊娠期短。

3.妊娠母羊的变化

妊娠期间,母羊的全身状态,特别是生殖器官相应发生一些生理变化。

(1)妊娠母羊的体况变化。妊娠母羊新陈代谢旺盛,食欲增强,消化能力提高。因胎儿的生长和母体自身重量的增加,妊娠母羊体重明显上升。妊娠前期因代谢旺盛,妊娠母羊营养状况改善,表现毛色光润,膘肥体壮。妊娠后期则因胎儿急剧生长消耗,如饲养管理较差时,妊娠羊则表现瘦弱。

(2)妊娠母羊生殖器官的变化。

①卵巢:母羊妊娠后,妊娠黄体则在卵巢中持续存在,从而使发情周期中断。妊娠后,卵巢的位置随着胎儿体积的增大而逐渐下沉,偏离未妊娠时的位置。

②子宫:妊娠母羊子宫增生,继而生长和扩展,子宫体积逐渐增大,以适应胎儿的生长发育。

③外生殖器:妊娠初期,阴门紧闭,阴唇收缩,阴道黏膜的颜色苍白。临产前阴唇表现水肿而柔软,其水肿程度逐渐增加。

(3)妊娠母羊体内生殖激素的变化。母羊妊娠后,先是内分泌系统协调孕激素的平衡,以维持妊娠。妊娠期间,几种主要孕激素变化和功能如下。

①孕酮:又称黄体酮,是卵泡在促黄体素(LH)的刺激下释放的一种生殖激素。孕酮与雌激素协同发挥作用,是维持妊娠所必需的。母羊妊娠期间不仅由黄体产生孕酮,肾上腺和胎盘组织也能分泌,因而足以制止妊娠期再发情,并直接有助于妊娠期内生殖系统的生理机能,直到将近分娩前的数天孕酮才急剧减少或完全消失。

②雌激素:是在促性腺激素作用下由卵巢释放,继而进入血液,通过血液中雌激素和孕酮的浓度来控制垂体前叶分泌促卵泡素和促黄体素的水平,从而控制发情和排卵。雌激素也是维持妊娠所必需的。妊娠初期血浆雌激素浓度较低,以后逐步增加,分娩前达到最高峰。

(二)妊娠鉴定

妊娠鉴定就是根据母羊妊娠后所表现的各种变化来判断其是否妊娠以及妊娠的进展情况。配种后,如能尽早进行妊娠诊断,对于保胎、减少空怀、提高繁殖率及有效地实施生产经营、管理都是相当重要的。经过妊娠检查,对确定妊娠的母羊加强饲养管理,维持母体健康,保证胎儿的正常发育,防止胚胎早期死亡和避免流产。若确定未孕,应注意下次发情,并及时查找出原因,例如交配时间及配种方法是否合适,精液品质是否合格,母羊生殖器官是否患病等,以便改进或及时治疗。

在实际生产中,有效的妊娠鉴定方法应具有方便、容易掌握、准确率高、对胎儿和母体无影响、费用低廉等特点。常用的妊娠鉴定方法主要有以下几种。

1. 外部观察法

母羊妊娠后,一般表现为周期性发情停止,性情温顺、安静,行为谨慎,同时,甲状腺活动逐渐增强,食欲旺盛,采食量增加,营养状况改善,毛色光亮、润泽,到妊娠后半期(3～4 个月后)腹围增大,腹壁右侧(孕侧)比左侧更为下垂突出,肋腹部凹陷,乳房增大。外部观察法的最大缺点是不能早期(配种后第一个情期前后)确诊是否妊娠,而且没有某一个或某几个表现时也不能就肯定没有妊娠。对于某些能够确诊的观察项目一般都在妊娠中后期才能明显看到,这就可能影响母羊的再发情配种。在进行外部观察时,应注意的是配种后再发情,比如少数绵羊(约 30％)在妊娠后有假发情表现,依此做出空怀的结论并非正确。但配种后没有妊娠,而由于生殖器官或其他疾病以及饲养管理不当而不发情者,据此做出妊娠的结论也是错误的。

2. 腹壁触诊法

母羊在触诊前一晚应该停饲,用双腿夹住羊的颈部或前躯保定,双手紧贴下腹壁,以左手在右侧下腹壁或两对乳房上部的腹部前后滑动触摸有无硬块,可以触诊到胎儿,有时可以摸到子叶。在胎儿胸壁紧贴母羊腹壁听诊时,可以听到胎儿心音。根据这些可以判断母羊是否妊娠。更为精确的方法是触诊结合直肠检查,其具体方法:让已停饲一夜的待检母羊仰卧保定,用肥皂水灌肠,以排出直肠里的宿粪,将涂有润滑剂(如肥皂水、食用油等)的光滑木棒或塑料棒(直径 1.5 cm,长 50 cm,前短较细而钝)插入肛门,贴近脊柱,向直肠内缓缓插入 30 cm 左右。然后,轻轻下压触诊棒的另一端,使直肠内一端稍稍挑起,同时另一只手在母羊右侧腹壁触摸,如能摸到块状实体则为妊娠。检查配种 60 d 以后的母羊,准确率 95％左右,85 d 以后的准确率可达 100％。需要注意的是,检查时动作要轻缓,以防止损伤直肠,配种 115 d 以后的母羊不宜使用此法进行检查。

3. 阴道检查法

妊娠母羊阴道黏膜的色泽、黏液性状及子宫颈口形状均有一些和妊娠相一致的规律变化。此方法就是利用阴道开腟器（开张器）打开阴道，根据阴道内黏膜的颜色和黏液情况来判定母羊是否妊娠。

（1）阴道黏膜。母羊怀孕后，阴道黏膜由空怀时的淡粉红色变为苍白色，但用开腟器打开阴道后，几秒钟内即由苍白色又变成粉红色。空怀母羊黏膜始终为粉红色。

（2）阴道黏液。孕羊的阴道黏液呈透明状，而且量很少，因此也很浓稠，能在手指间牵成线。相反，如果黏液量多、稀薄、流动性强、不能在指间牵成线、颜色灰白色而呈脓状的母羊为未孕。

（3）子宫颈。孕羊子宫颈紧闭，色泽苍白，并有糨糊状的黏块堵塞在子宫颈口，人们称之为"子宫栓"。

应注意的是在做阴道检查之前阴道开腟器和检查人员的手臂等要认真消毒。

（三）预产期

有配种记录的母羊，可以按配种日期以"月加五，日减四或二（二月配种则日减一）"的方法来推算预产期，具体见表4-3。例如4月8日配种怀孕的母羊其预产期应为9月4日，10月7日配种怀孕的母羊则为次年的3月5日。

表 4-3　预产期推算表

配种时间	1月	2月	3月	4月	5月	6月	7月	8月	9月	10月	11月	12月
预计分娩期	6月	7月	8月	9月	10月	11月	12月	1月	2月	3月	4月	5月
推算时应减日数	2	1	4	4	4	4	4	4	4	2	2	2

六、分娩、接产与助产

分娩就是母羊经过一定的妊娠期以后，胎儿在母体内发育成熟，母羊将胎儿及其附属物从子宫内排出体外的过程，是胎儿发育成熟后母羊自发的生理活动。

为了保证羊的正常繁殖和获得健康强壮的羔羊,并防止由于繁殖而带来的疾病,养羊人员必须了解和掌握正常分娩过程和接产方法。引起分娩的因素是多方面的,有激素、神经和机械等多种因素的相互协同配合,母体和胎儿共同参与完成。

(一)分娩预兆及分娩过程

1.分娩预兆

母羊分娩前,机体的一些器官在组织和形态方面发生了显著的变化,母羊的行为也与平时不同,这些变化是适应胎儿的产出和新生羔羊需要的机体特有反应。

(1)乳房变化。妊娠中期乳房开始增大,分娩前1～3 d,乳房明显增大,乳头直立,乳房静脉努张,手摸有硬肿之感,用手挤时有少量黄色初乳,但个别羊在分娩后才能挤出初乳。如果母羊乳头由松软状变粗、变大、变充盈,预示着1～2 d内分娩。值得注意的是,依据母羊在分娩前乳头的变化来估计分娩时间虽比较可靠,但它受母羊营养状况的影响较大,因此,不应单纯依靠母羊乳房变化来预测分娩日期。

(2)外阴部变化。母羊在分娩前数天,阴唇逐渐变松软、充血肿胀,体积增大,阴唇皮肤上皱褶逐渐展平消失,阴门逐渐开张,从阴道流出浓稠的黏液,在分娩前数小时表现更明显。但奶山羊的阴唇变化较晚,在分娩前数小时才出现。

(3)骨盆变化。母羊骨盆韧带在临产前数天开始逐渐松弛,变得柔软,肷窝部下陷,臀部肌肉也有塌陷,以临产前2～3 h最为明显。由于韧带松弛,荐骨活动性增大,用手握住尾根向上抬感觉荐骨后端能上下移动。奶山羊的骨盆韧带软化明显,当荐骨两侧各出现一条纵沟,骨盆韧带完全松软时,分娩时间一般在1 d内。

(4)行为变化。临近分娩前数小时,母羊表现孤独,喜欢离群,放牧时易掉队,精神不安,食欲不振,停止反刍,不时咩叫,频频起卧,有时用蹄刨地,排尿次数增多,不时回顾腹部,喜卧墙角,卧地时两后肢伸直等。有这些征状表现的母羊应留在产房,不要再放牧。

综上,母羊在分娩前所表现出的各种征状都属于分娩前的预兆,但在实际生产中不能单独依靠其中某一个分娩预兆来估计母羊的分娩时间,一定要综合考虑,全面考察才能做出正确的判断。

2.分娩过程

母羊整个分娩过程是从子宫壁肌肉和腹部肌肉阵缩开始,到胎儿和胎衣等附属物完全排出体外为止。整个分娩过程是一个有机联系的整体,一般按习惯将分娩分为三个阶段,即子宫颈开口期、胎儿产出期和胎衣排出期。

(1)子宫颈开口期:也称子宫颈开张期,简称开口期,是从子宫开始有规则阵缩算起,到子宫颈口充分完全开大为止。这一期一般仅有阵缩,没有努责。子宫颈变软、扩张。母羊在开口期一般持续 3~4 h,临产母羊都是寻找不易受干扰的地方等待分娩,其表现是前蹄刨地,咩叫;食欲减退,轻微不安,时起时卧,尾根抬起,常做排尿姿势,并不时排出少量粪尿;脉搏、呼吸加快;常舔舐其他母羊所产的羔羊。

(2)胎儿产出期:简称产出期,是从子宫颈口充分开张,胎囊及胎儿的前置部分进入阴道,胎囊及胎儿楔入盆腔,母羊开始努责,到胎儿完全排出为止。在这一时期,阵缩和努责共同发生作用,其中努责是排出胎儿的主要力量。先是胎儿通过完全开张的子宫颈,逐渐进入骨盆腔,随后增强的子宫颈收缩力促使胎儿迅速排出。

这一时期母羊临床表现为极度不安,频繁起卧,前蹄刨地,有时后蹄踢腹部,弓背努责。然后,在胎头进入并通过盆腔及其出口时,由于骨盆反射而引起强烈努责,这时母羊一般均侧卧,四肢伸直,腹肌强烈收缩;努责数次后,休息片刻,然后继续努责;这时脉搏加快,子宫收缩力强,持续时间长,几乎连续不断。胎儿从显露到产出体外的时间为 0.5~2 h,产双羔时,先后间隔 5~30 min。胎儿产出时间一般不会超过 2~3 h,如果时间过长,则可能是胎儿产式不正常形成难产。

顺产绵羊的分娩从胎膜破裂、羊水流出到胎儿产出的时间一般为 4~5 h,山羊为 6~7 h。如果母羊胎膜破裂后超过 6 h 胎儿仍未产出,即应考虑胎儿在母体产道内的姿势是否正常,超过 12 h,即应按难产处理。

(3)胎衣排出期:胎衣是胎膜的总称,包括部分断离的脐带。胎衣排出期是从胎儿排出后到胎衣完全排出为止。它是通过胎盘的退化和子宫角的局部收缩来完成的。

胎儿排出后,母羊即开始安静下来。几分钟后,子宫再次出现轻微阵缩。这个时期母羊一般不再努责或偶有轻微努责。阵缩持续的时间及间隔的时间均较长,力量也减弱。胎衣排出的机制,主要是由于胎儿排出并断脐后,胎儿胎盘血液大为减少,绒毛体积缩小,同时胎儿胎盘的上皮细胞发生变性。此外,子宫的收缩使母羊胎盘排出大量血液,减轻了子宫黏膜腺窝的张力。怀双羔或多羔的母羊,胎衣是在全部胎儿排出之后,一次或分多次排出。母羊分娩时各阶段所需时间见表 4-4。

表 4-4 山羊母羊分娩各阶段所需时间 h

开口期		产出期		双羔间隔时间		胎衣排出期	
平均	范围	平均	范围	平均	范围	平均	范围
6~7	4~8	3	0.5~4	0.1~0.25	0.1~1	0.5~2	0.5~4

(二)正常分娩的接产

1. 接产的准备工作

接产工作是羊生产中的一项重要工作,如果因为准备工作不到位,引起母羊或新生羔羊死亡,就会造成生产上的经济损失。因此,在母羊分娩之前,应该认真做好助产的准备。

(1)产房的准备。我国地域辽阔,各地自然生态条件和经济发展水平差异很大,产房(在较寒冷地区可用塑料暖棚)的准备,应当因地制宜,不能强求一致。在妊娠母羊群进入分娩期前 3~5 d,必须把产房的墙壁和地面、运动场、饲草架、饲槽、分娩栏等打扫干净,并用 3%~5% 的烧碱溶液或 10%~20% 的石灰乳水溶液或者商品消毒液(如百毒杀等,用量参考说明书)进行彻底的消毒。消毒后的产房,应当做到地面干燥,空气新鲜,光线充足,冬季还应做好产房的防寒保温工作。

产房可划分为大、小两处,大的一处放日龄较大的母子群,小的一处放刚刚分娩的母子。运动场也应分成两处,一处圈母子群,羔羊小时白天可留在这里,羔羊稍大时,供母子夜间停宿;另一处圈养待产母羊。

(2)饲草、饲料的准备。母羊在临产至产后的 20 d,要停止放牧,准备的饲草、饲料量要比其他时间多,而且质量也比较高,既要营养丰富,又要容易消化。饲草、饲料一定要种类多、数量足、质量优。混合精料一定要是营养比较全面的配合料和混合料,干草最好是适口性强、容易消化的豆科牧草,还要有一定数量的块根块茎饲料和青贮饲料。在牧区,在产房附近,从牧草返青时开始,在避风、向阳、靠近水源的地方用土墙、草坯或铁丝网围起来,作为产羔用草地,其面积大小可根据产草量、牧草的植物学组成以及羊群的大小、羊群品质等因素决定,但草量至少应当够产羔母羊一个半月的放牧为宜。

有条件的羊场及饲养户,应当为冬季产羔的母羊准备好充足青干草、质地优良的农作物秸秆、多汁饲料和适当的精料等,对春季产羔的母羊,也应当准备至少可以舍饲 15 d 所需要的饲草、饲料。

(3)接产人员的准备。接产人员应有较丰富的接羔经验,熟悉母羊的分娩规律,严格遵守操作规程。同时,接羔是一项繁重而细致的工作,为确保接产工作的顺利进行,每群产羔母羊除专门接产人员以外,还必须配备一定数量的辅助劳动力。同时,接产前,接产人员的手臂应洗净消毒。

(4)用具及器械的准备。在接产前要准备肥皂、毛巾、药棉、纱布、注射器、体温计、听诊器、细绳、塑料布、照明灯、70%～75%酒精、2%～5%碘酒、催产药等。有条件的场或企业可以准备一套常用的产科器械。

2. 接产

母羊正常分娩时,胎儿会自然产出,此时,接产人员的工作主要是观察母羊的分娩情况和护理初生羔羊。

母羊正常分娩时,在胎膜破裂、羊水流出后几分钟至 30 min 左右,羔羊即可产出。正常胎位的羔羊两前肢夹头,出生时一般两前肢及头部先出,并且头部紧靠在两前肢的上面。若是产双羔,先后间隔 5～30 min,但也偶有长达数小时以上的。因此,当母羊产出第一羔后,必须检查是否还有第二个羔羊,方法是以手掌在母羊腹部前侧适力颠举,如是双胎,可触感到光滑的羔体。

在母羊产羔过程中,非必要时一般不应干扰,最好让其自行分娩。但有的初产母羊因骨盆和产道较为狭窄,或双羔母羊在分娩第二只羔羊时已感疲乏的情况下,这时需要助产。助产方法:人在母羊体躯后侧,用膝盖轻压其肷部,等羔羊最前端露出后,用一手推动母羊会阴部,待羔羊头部露出后,再用一手托住头部,一手握住前肢,随母羊的努责向后下方拉出胎儿。

3. 初生羔羊护理

(1)清除黏液。羔羊产出后其身上的黏液,最好让母羊舔净,这样对母羊认羔有好处。如母羊恋羔性弱时,可将胎儿身上的黏液涂在母羊嘴上,引诱它舔净羔羊身上的黏液,也可以在羔羊身上撒些麦麸,引导母羊舔食,如果母羊不舔或天气寒冷时,可用柔软干草或者用消过毒的毛巾把其口腔、鼻腔里的黏液掏出、擦净,以免因呼吸困难、吞咽羊水引起窒息或异物性肺炎。同时,避免羔羊受凉。

(2)断脐。羔羊出生后,多数情况下都是会自己扯断脐带。在人工助产下分娩的羔羊或者没能自行断脐的,可由接产人员断脐带。断前可用手把脐带中的血向羔羊脐部挤几下,然后在离羔羊肚皮 3～4 cm 处一只手固定住靠近羔羊腹部的部分,另一只手抓住剩下部分用力拧断,也可以用止血钳夹断或剪断。断脐后一定要用 5% 碘酒消毒断口处,防止断脐口处感染。

(3)假死羔羊的护理。羔羊生下时发育正常,但生下后不呼吸或有很微弱的呼吸,而且肺部有啰音,心脏仍有跳动,这种现象称为假死。

造成假死的原因:胎儿过早发生呼吸动作而吸入了羊水;子宫内缺氧;难产、分娩时间过长或受惊等。若遇到这种情况一定要认真检查,不应把假死的羔羊当成真死的羔羊扔掉,以免造成经济损失。

假死羔羊的抢救方法:①先将呼吸道内的黏液或羊水完全清除干净,再用酒精棉球或微量碘酒滴入羔羊的鼻孔里刺激羔羊呼吸或向羔羊鼻孔吹气、喷烟来刺激羔羊呼吸,使之苏醒;②将羔羊两后肢提起悬空并轻轻拍打其背、胸部;③将假死羔羊放平,两手有节律地推压胸部两侧,也可使假死的羔羊苏醒。若有冻僵的羔羊,应立即将其移进暖室进行温水浴。水温由 38℃ 开始逐渐增加至 45℃,在进行温水浴时应将羔羊的头部露出水面,同时结合腹部按摩,等待羔羊苏醒后立即擦干全身。

(4)扶助站立。羔羊产下后 10～40 min 便可以站立起来,但站立不稳,易摔倒,此时需要接产人员的扶助,防止摔伤。

(5)哺喂初乳。初乳就是母羊分娩后在 4～7 d 内分泌的乳汁,色泽微黄,略有腥味,呈浓稠状。初乳的营养物质十分丰富,与常乳相比干物质含量约高 2 倍。矿物质约高 1.5 倍,蛋白质高出 3～5 倍,并且富含维生素。特别重要的是初乳含有多种抗体、酶、激素等,这些物质可以增强初生羔羊对疾病的抵抗能力,并且具有轻泻作用,以便羔羊及时排出胎粪,增进食欲,强化消化功能,所以应尽早地给羔羊哺喂初乳。羔羊产下后,母羊会及时舔干羔羊身上的黏液。羔羊睁眼站立后,会发出叫声,母羊也同样会发出低调亲切的叫声,这时就可以人工帮助羔羊找到乳头开始哺喂,但第一次哺乳注意不可过饱。母山羊的恋羔性一般不很强,如山羊羔离开母羊太久,会出现母羊拒认羔羊的现象。绵羊的母子关系较紧密,一般不会出现这种情况。

4. 产后母羊护理

母羊分娩后非常疲惫、口渴,应给母羊饮温水,最好是用麸皮、食盐和温热水调制成的麸皮盐水汤。以补充母羊分娩时体内水分的消耗,帮助维持体内酸碱平衡,增加腹压和恢复体力。但母羊一次饮水量不要过多,以 300 mL 为宜,产后第一次饮水过量,容易造成真胃扭转等疾病。母羊分娩后,应剪去乳房周围的长毛,用温水或消毒水清洗乳房,再用毛巾擦干,把乳房内的陈乳挤出几滴,以便羔羊及时吃到干净卫生的初乳。

5. 胎衣排出

羊的胎衣及其附属物通常在分娩后 2～4 h 内排出。胎衣排出的时间一般需要 0.5～8 h,但不能超过 12 h,否则会引起子宫炎等一系列疾病。母羊产羔后有疲倦、饥饿、口渴的感觉,个别母羊会啃食胎盘和沾染胎液的垫草,所以,产后应及时给母羊饮喂一些掺进少量麦麸的温水,或饮喂一些豆浆水,以防止母羊吞食胎衣。

6.羔羊的寄养

羔羊出生后,如果母羊意外死亡或者母羊一胎产羔过多,便应给羔羊找保姆羊寄养。产单羔而乳汁多的母羊和羔羊死亡的母羊都可充当保姆羊。寄养的方法是将保姆羊的胎衣或乳汁抹擦在被寄养羔羊的臀部或尾根,或将羔羊的尿液抹在保姆羊的鼻子上,也可将已死去的羔羊皮覆盖在需寄养的羔羊背上,或于晚间将保姆羊和寄养羔关在一个栏内,经过短期熟悉,保姆羊便会让寄养羔羊吃奶。

(三)难产及难产助产

分娩过程中胎儿排出受阻,母体不能将胎儿顺利产出即为难产。

放牧的羊群,母羊很少发生难产,母羊分娩过程几乎不需要人工助产。但是圈养的羊群,尤其是现在胚胎移植技术的运用,母羊的难产率有所提高。因此,难产的处理及其助产技术显得十分重要。

1.难产的原因

在生产实践中,难产的原因主要是阵缩无力,胎位、胎向、胎势不正,子宫颈及骨盆狭窄,胎儿过大、畸形等。

2.常见难产的助产方法

(1)产力性难产:是指母羊阵缩及努责微弱,主要由分娩时母羊子宫及腹壁肌肉收缩次数少、时间短和收缩强度不够引起。此时可肌肉或静脉注射催产素 10~20 IU,观察母羊分娩进程,待其自然娩出,但这种方法并不十分可靠。根据生产的实际情况,可将外阴部和助产者的手臂消毒后,伸入产道,抓住胎儿的头部,缓慢均匀地用力,把胎儿拉出。

(2)胎儿性难产:主要由胎儿的姿势、位置和方向异常引起,其原因经常是胎儿横向、竖向,胎儿下位、侧位,头颈下弯、侧弯、仰弯,前肢腕关节屈曲,后肢跗关节屈曲等。此时需要助产人员进行人工助产,如胎儿过大,应把胎儿的两前肢拉出来再送进产道去,反复三四次扩大阴门后,配合母羊阵缩补加外力牵引,帮助胎儿产出。如遇胎位、胎向不正时,助产人员应配合母羊阵缩间歇时,用手将胎儿轻轻推回腹腔,手也随着伸进阴道,用中指、食指对异常的胎位、胎向、胎势进行矫正,待纠正后再抓住胎儿的前肢或后肢把胎儿拉出。

(3)产道性难产:主要由于母羊阴道及阴门狭窄和子宫肿瘤等引起,在生产中多见胎头的颅顶部在阴门口,母羊虽经努责,但仍然产不出胎儿。此时,助产人员可在阴门两侧上方,将阴唇剪开1~2 cm,两手在阴门上角处向上翻起阴门,同时压迫尾根基部,以使胎头产出而解除难产。如果分娩母羊的子宫颈过于狭窄或不能扩张,助产人员应该果断施行剖腹产手术,以挽救母羊和羔羊的生命。

(4)双羔同时楔入产道:在母羊产双羔或多羔时可见,此时助产人员应将消毒后的手臂伸入产道将一个胎儿推回子宫内,把另一个胎儿拉出后,再拉出推回的胎儿。如果双羔各将一个肢体伸入产道,形成交叉的情况,则应先辨明关系。助产人员可通过触诊腕关节和跗关节的方法区分开前后肢,再顺手触摸肢体与躯干的连接,分清肢体的所属,最后拉出胎儿解除难产。

3.难产助产的注意事项

(1)助产人员必须戴上消过毒的橡皮手套。如当时没有橡皮手套,可将手指甲剪去磨光,手放在消毒液中浸泡3~5 min,涂上凡士林、液体石蜡、肥皂或其他润滑剂。

(2)接产前,先将母羊的阴唇、肛门、尾根等处用清水清洗干净,然后用0.2%~0.3%高锰酸钾、2%来苏儿、百毒杀、菌毒光等溶液或70%~75%酒精棉球消毒。

七、同期发情技术

同期发情是指利用某些外源激素人为调节一群母羊的发情周期,使之在预定的时间内集中发情的技术。目前同期发情通常采用两种方法:一种是延长黄体期,即使用孕激素药物,抑制母羊发情。此类激素主要有孕酮及其类似物,如甲孕酮、炔诺酮、氯地孕酮、氟孕酮、18-甲基炔诺酮、16-次甲基甲地孕酮等。另一种是缩短黄体期,即利用前列腺素 F_{2a} 及其类似物同时处理一群待处理的母羊,促使其黄体退化。

(一)羊同期发情的意义

1.有利于推广人工授精

同期发情的方法是适应推广人工授精的需要而被重视的,它的出现又有利于推动人工授精的发展。采用同期发情处理后,因为羊群是在预定的时间内整体表现出一致的发情,可以定时进行人工输精。

2.便于组织生产

控制母羊同期发情对生产有利,具有经济上的意义。由于同期发情技术使母羊群发情、配种、妊娠、分娩等过程相对集中,便于商品羊及其产品的成批生产,有利于更合理地组织生产和有效地进行饲养管理,可以节约劳力和费用。对于工厂化、规模化养羊生产有很大的实用价值。

3.提高繁殖率

同期发情也是群体性诱导发情,不但可以作用于周期性发情的母羊,而且也能使处于乏情状态的母羊出现周期性活动。例如,卵巢静止的母羊经过孕激素处理后,很多表现发情,而因为持久黄体存在长期不发情的母羊,用前列腺素处理后,由于黄体消退,生殖机能也得以恢复,因此可以缩短繁殖周期,从而提高母羊的繁殖率。

4.是胚胎移植必需的手段之一

在胚胎移植中,当胚胎长期保存的问题尚未解决之前,同期发情是经常采用甚至是不可缺少的一种方法。

(二)羊同期发情处理的方法

1.孕激素处理法

向待处理的母羊施用孕激素,用外源孕激素继续维持黄体分泌孕酮的作用,造成人为的黄体期而达到发情同期化。为了提高同期率,孕激素处理停药后,常配合使用能促使卵泡发育的孕马血清促性腺激素(PMSG)。

(1)常用药物。现在已能人工合成多种孕酮及其类似物制剂,主要有甲孕酮(MAP)、氯地孕酮(CAP)、氟孕酮(FGA)、18-甲基炔诺酮、16-次甲基甲地孕酮(MGA)等。这些人工合成的孕激素,其功能与孕酮类似,但其效率往往大于孕酮,同时有乳剂、丸剂、粉剂等不同剂型。

(2)药物用量。不同种类药物的用量:孕酮 150～300 mg、甲孕酮 40～60 mg、甲地孕酮 80～150 mg、氟孕酮 30～60 mg、18-甲基炔诺酮 30～40 mg、16-次甲基甲地孕酮 30～50 mg。

(3)给药方法。由于剂型不同,孕激素给药处理的方法有口服、肌肉注射、皮下埋植和阴道栓塞等。①口服孕激素:每日将定量的孕激素药物拌在饲料内,通过母羊采食服用,持续 12～14 d,因此每日用药量除甲孕酮外应是前述药物用量的 1/5～17/10,并要求药物与饲料搅拌均匀,使采食量相对一致。最后 1 d 口服停药后,随即注射孕马血清 400～750 IU。②肌肉注射:一般油剂常用于肌肉注射。每日按一定药物用量注射到处理羊的皮下或肌肉内,持续 10～12 d 后停药。这种方法剂量易控制,也较准确,但需每日操作处理,比较麻烦。国内生产的肌肉注射"三合激素"只处理 1～3 d,大大减少了操作日程,较为方便。③皮下埋植:一般丸剂可直接用于皮下埋植,或将一定量的孕激素制剂装入管壁有小孔的塑料细管中,用专门的埋植器或兽用套管针将药丸或药管埋在羊耳背皮下,经过 15 d 左右取出药物,同时注射孕马血清 500～800 IU。④阴道栓塞:将乳剂或其他剂型的孕激素按剂量制成悬浮液,然后用泡沫海绵浸取一定药液,或用表面敷有硅橡胶,其中包含一定量孕激素制剂的硅橡胶环构成的阴道栓,用尼龙细线把阴道栓连起来,塞进阴道深处子宫颈外口,尼龙细线的另一端留在阴户外,以便停药时拉出栓塞物。阴道栓一般在14～16 d 后取出,也可以施以 9～12 d 的短期处理或 16～18 d 的长期处理。但孕激素处理时间过长,对受胎率有一定影响。为了提高发情同期率,在取出栓塞物的当天可以肌肉注射孕马血清 400～750 IU。

值得注意的是,人工合成的孕激素即外源孕激素作用期太长,将改变母羊生殖道环境,使受胎率有所降低,因此可以在药物处理后的第一个发情期过程中不配种,待第二个发情期出现时再实施配种,这样既有相当高的发情同期率,受胎率也不会受影响。

2.促进黄体退化法

应用前列腺素及其类似物使黄体溶解,从而使黄体期中断,停止分泌孕酮,再配合使用促性腺激素,引起母羊发情。

(1)常用药物。用于同期发情的国产前列腺素以及类似物有 15-甲基 PGF$_{2\alpha}$、氯前列烯醇和 PGF$_{1\alpha}$甲酯等;进口的有高效的氯前列烯醇和氟前列烯醇等。

(2)给药方法及用量。前列腺素的使用方法是直接注入子宫颈或肌肉注射。注入子宫颈的用量为 1~2 mg;肌肉注射一般以 2 次肌肉注射为宜,2 次间隔时间为 8~14 d,每次注射 PGF$_{2\alpha}$ 10~20 mg 或氯前列腺烯醇 100~120 μg 或者 15-甲基 PGF$_{2\alpha}$ 0.5~1 mg。但应注意的是,前列腺素对处于发情周期 5 d 以前的新生黄体溶解作用不大,因此前列腺素处理法对少数母羊无作用,应对这些无反应的羊进行第二次处理。同时还应注意,由于前列腺素有溶解黄体的作用,已怀孕母羊会因孕激素减少而发生流产,因此要在确认母羊属于空怀时才能使用前列腺素处理。

3.其他方法

(1)孕激素+PMSG 法。先用孕激素阴道栓处理 14 d,然后取出,同时肌肉注射 PMSG,剂量为绵羊 200~500 IU,山羊 200~300 IU。此法同期发情率较高,洪琼花等(2002)用此法处理中国美利奴羊和波尔山羊同期率达 95%。

(2)孕激素+PMSG+PGF$_{2\alpha}$法。母羊阴道埋植孕酮栓 16 d,在撤栓前 2 d,肌肉注射 PMSG 200~500 IU,撤栓时再每只母羊肌肉注射 PGF$_{2\alpha}$1 mg。

(3)三合激素法。虽然孕激素和前列腺素在羊同期发情处理上获得了很好的效果,但费用较高。目前,在实际生产中更多使用的是价格低廉、应用方便、效果较好的国产三合激素。其中每毫升含有丙酸睾丸素 25 mg,黄体酮 12.5 mg,苯甲酸雌二醇 1.5 mg。每只皮下注射 1 mL,一般处理后第 2 天、第 3 天集中发情。

八、人工授精技术

人工授精技术可分为 2 类。第一类为液态精液人工授精技术,又可分为 2 种方法:①鲜精或 1:(2~4)低倍稀释精液人工授精技术,1 只公羊 1 年可配母羊 500~1 000 只以上,比用公羊本交提高 10~20 倍以上。用这种方法,将采出的精液不稀释或低倍稀释,立即给母羊输精,它适用于母羊季节性发情较明显,而且数量较多的地区。②精液 1∶(20～50),高倍稀释人工授精技术,1 只公羊 1 年可配种母羊 10 000 只以上,比本交提高 200 倍以上。如江苏省海门市,地处长江三角洲,交通便利,多年来,利用这一技术,全市只有一个改良站制作高倍稀释精液,每个乡镇设立输精点,实行统一供精,1 只公羊每年配种母羊 10 000～15 000 只,受胎率可达 90%。液态精液如果组织得不好,或在山区及交通不便而母羊较少的地区,会出现精液用不完而浪费的现象。降低了精液的利用率。第二类为冷冻精液人工授精技术,可把公羊的精液常年冷冻储存起来,在任何地方、时间都可使用。如制作颗粒冷冻精液,1 只公羊 1 年所采出的精液可冷冻 10 000～20 000 粒颗粒,可配母羊 2 500～5 000 只。精液用多少可解冻多少,不会造成浪费。但受胎率较低,高者在 50% 以上,低的只有 30%～40%,其成本高,效果较差。现将人工授精具体操作技术分述如下。

(一)采精前的准备

1. 种公羊采精调教

一般来说,公羊采精是较容易的事情,但有些波尔山羊公羊,尤其是初次参加配种的公羊,就不太容易采出精液来,可采取以下措施。

(1)同圈法。将不会爬跨的公羊和若干只发情母羊关在一起过几夜,或与母羊混群饲养几天后公羊便开始爬跨。

(2)诱导法。在其他公羊配种或采精时,让被调教公羊站在一旁观看,然后诱导它爬跨。

(3)按摩睾丸。在调教期每日定时按摩睾丸 10～15 min,或用冷水湿布擦睾丸,经几天后则会提高公羊性欲。

(4)药物刺激。对性欲差的公羊,隔日每只注射丙睾丸素 1～2 mL,连续注射 3 次后可使公羊爬跨。

(5)将发情母羊阴道黏液或尿液涂在公羊鼻端,也可刺激公羊性欲。

(6)用发情母羊做台羊。

(7)调整饲料,改善饲养管理,这是根本措施,若气候炎热时,应进行夜牧。

2.器械洗涤和消毒

人工授精所用的器械在每次使用前必须消毒,使用后要立即洗涤。新的金属器械要先擦去油渍后洗涤。方法:先用清水冲去残留的精液或灰尘,再用少量洗衣粉洗涤,然后用清水冲去残留的洗衣粉,最后用蒸馏水冲洗1~2次。

(1)玻璃器皿消毒。将洗净后的玻璃器皿倒扣在网篮内,让剩余水流出后,再放入烘箱,在115℃下消毒30 min。可用消毒杯柜或碗柜消毒,价格便宜、省电。消毒后的器皿透明,无任何污渍,才能使用,否则要重新洗涤、消毒。

(2)开腔器、温度计、镊子、磁盘等消毒。洗净、干燥后,在使用前1.5 h,用75％酒精棉球擦拭消毒。

3.假阴道的安装、洗涤和消毒

先把假阴道内胎(光面向里)放在外壳里边,把长出的部分(两头相等)反转套在外壳上。固定好的内胎松紧适中、匀称、平正、不起皱褶和扭转。装好以后,在洗衣粉水中,用刷子刷去粘在内胎外壳上的污物,再用清水冲去洗衣粉,最后用蒸馏水冲洗内胎1~2次,自然干燥。

在采精前1.5 h,用75％酒精棉球消毒内胎(先里后外),待用。

配制75％酒精的方法:用购买的医用酒精,一般为95％浓度,取其79 mL,加蒸馏水21 mL即为75％浓度的酒精。

(二)采精

(1)选择发情好的健康母羊做台羊,后躯应擦干净,头部固定在采精架上(架子自制,一般为一个羊体高)。训练好的公羊,可不用发情母羊做台羊,还可用公羊做台羊、假台羊等都能采出精液来。

(2)种公羊在采精前,用湿布将包皮周围擦干净。

(3)假阴道的准备。将消毒过的,酒精完全挥发后的内胎,用生理盐水棉球或稀释液棉球从里到外擦拭,在假阴道一端扣上消毒过并用生理盐水或稀释液冲洗后甩干的集精瓶(高温低于25℃时,集精瓶夹层内要注入30~35℃温水)。在外壳中部注水孔注入150 mL左右的50~55℃温水,拧上气卡塞,套上双连球打气,使假阴道的采精口形成三角形,并拧好气卡。最后把消毒好的温度计插入假阴道内测温,温度在 $39\sim42℃$ 为宜、在假阴道内胎的前 1/3,涂抹稀释液或生理盐水做润滑剂(可不用凡士林,经多年实践不用任何润滑剂,不影响公羊射精)。就可立即用于采精。

(4)采精操作。采精员蹲在台羊右侧后方,右手握假阴道,气卡塞向下,靠在台羊臀部,假阴道和地面约呈 35°角。当公羊爬跨、伸出阴茎时,左手轻托阴茎包皮,迅速地将阴茎导入假阴道内,公羊射精动作很快,发现抬头、挺腰、前冲,表示射精完毕,全过程只有几秒钟。随着公羊从台羊身上滑下时,将假阴道取下,立即使集精瓶的一端向下坚立,打开气卡活塞,放气,取下集精瓶(不要让假阴道内水流入精液,外壳有水要擦干),送操作室检查。采精时,必须高度集中,动作敏捷、做到稳、准、快。

(5)种公羊每天可采精 $1\sim2$ 次,采 $3\sim5$ d,休息 1 d。必要时每天采 $3\sim4$ 次。2 次采精后,让公羊休息 2 h 后,再进行第 3 次采精。

(三)精液品质检查

精液品质检查项目很多,这里只介绍几种常用的项目。

1. 肉眼观察

正常精液为乳白色,无味或略带腥味。凡带有腐败味,出现红色、褐色、绿色的精液均不可用于输精。公山羊正常的射精量范围是 $0.5\sim2.0$ mL,平均为 1.0 mL。

2. 精子活率检查

在载玻片上滴原精液或稀释后的精液 1 滴,加盖玻片,在 38℃ 显微镜温度下(可按显微镜大小,自制保温箱,内装 40 W 灯泡 1 只,既照明又保温)检查。精子运行方式有直线前进运动、回旋运动和摆动 3 种。评定精子活率以直线前进运动精子百分率为依据,通常是用十级评分法。大约有 80% 的精子做直线前进运动的评为 0.8,有 60% 精子做直线前进运动的为 0.6,依此类推。山羊原精液活率一般可达 0.8 以上。但新引进的波尔山羊第一年使用活率往往较差,原精活率只有 0.6,第二年就提高了。

在检查(评定)精子活率时,要多看几个视野,并上下扭动显微镜细螺旋,观察上、中、下三层液层的精子运动情况,才能较精确地评出精子的活率。

3.密度检查

(1)估测法:在检查精子活率的同时进行精子密度的估测。在显微镜下根据精子稠密程度的不同,将精子密度评为"密""中""稀"3级。"密"级为精子间空隙不足 1 个精子长度,"中"级为精子间有 1～2 个精子长度空隙,"稀"级为精子间空隙超过 2 个精子长度以上,"稀"级不可用于输精。

(2)精子计数法:用血细胞计数板较精确的计算出每毫升精液中的精子数,在精液高倍稀释时,要以精子数和精子活率来计算出精液稀释倍数。计算方法:用红细胞吸管取原精液至 0.5 刻度处,再吸入 3‰的氯化钠溶液至 101 刻度处,将原精液稀释 200 倍。以拇指及食指分别按吸管的两端摇匀,然后弄去吸管前数滴,将吸管尖端放在计数板与盖玻片之间的空隙边缘,使吸管中的精液流入计算室(高 0.1 mm),充满其中。计数板中央用刻线分成 25 个正方形大格,共由 400 个小方格组成,面积为 1 mm²。在 200、400 倍显微镜下数出 5 个大方格(四角各 1 个,再加中央 1 个大方格,共 80 个小方格)内的精子数。计算时以精子头部为准,位于大方格四边线条上的精子,只数相邻两边的精子,避免重复。数出 4 个大方格的精子总数后加 7 个零。即为 1 mL 原精液的精子数。

每毫升山羊精液中含精子数为 10 亿～50 亿,平均为 30 亿。精子计数可 10～15 d 进行 1 次。有条件的地方可用密度仪器测定。

(四)液态精液稀释配方与配制

(1)精液低倍稀释的稀释液,在精液采出后,原精数量不够时,可做低倍稀释,密度仪器测定。满足需要,并在短时间内使用,稀释液配方可简单些。如生理盐水或奶类稀释液(用鲜牛、羊奶,水浴 92～95℃消毒 15 min,冷却去奶皮后即可使用)。凡用于高倍稀释精液的稀释液,都可做低倍稀释用。

(2)精液高倍稀释的稀释液,不但是为了扩大精液量,也是要延长精子的保存时间,配方很多,现介绍 2 个稀释液。

①葡萄糖 3 g、柠檬酸钠 1.4 g、EDTA(乙二胺四乙酸二钠)0.4 g,加蒸馏水至 100 mL,溶解后水浴煮沸消毒 20 min,冷却后加青霉素 10 万 U,链霉素 0.1 g,若再加 10~20 mL 卵黄,可延长精子存活时间。

②葡萄糖 5.2 g、乳糖 2.0 g、柠檬酸钠 0.3 g、EDTA 0.07 g、三木醇 0.05 g、蒸馏水 100 mL,溶解后煮沸消毒 20 min,冷却后加庆大霉素 1 万 U,卵黄 5 mL。

(五)液态精液稀释

(1)精液低倍稀释,原精液量够输精时,可不必再稀释,可以直接用原精直接输精。不够时按需要量做 1∶(2~4)倍稀释,要把稀释液加温到 30℃,再把它缓慢加到原精液中,摇匀后即可使用。

(2)精液高倍稀释,要以精子数、输精剂量、每一剂量中含有 1 000 万个前进运动精子数,结合下午最后输精时间的精子活率,来计算出精液稀释比例,在 30℃下稀释(方法同前)。

(六)分装、保存和运输

精液低倍稀释,就近输精,把它放在小瓶内,不需降温保存,短时间用毕。

1.分装和保存

(1)小瓶中保存。把高倍稀释清液,按需要量(数个输精剂量)装入小瓶,盖好盖,用蜡封口,包裹纱布,套上塑料袋,放在装有冰块的保温瓶(或保存箱)中保存,保存温度为 0~5℃。

(2)塑料管中保存。将精液以 1∶40 倍稀释,以 0.5 mL 为一个输精剂量,注入塑料吸管内(剪成 20 cm 长,紫外线消毒),两端用塑料封口,保存在自制的泡沫塑料的保存箱内(箱底放冻好的冰袋,再放泡沫塑料隔板,把精液管用纱布包好,放在隔板上面,固定好)盖上盖子,保存温度大多在 4~7℃,最高到 9℃。精液保存 10 h 内使用,这种方法,可不用输精器了,经济实用。

2.运输

不论哪种包装,精液必须固定好,尽可能减轻振动。若用摩托车送精液,要把精液箱(或保温瓶)放在背包中,背在身上。若乘汽车送精液,最好把它抱在身上。

(七)冷冻精液制作技术

制作冷冻精液,要有很多设备,好在各省、区都有精液冷冻站,可冷冻波尔山羊精液,不需增加设备,有的站已经开始冷冻波尔山羊精液,并取得较好的效果。20 世纪 80 年代朱德建等成功地在北京市门头沟区冷冻绒山羊精液,获得情期受胎率 73% 的好结果,现介绍给大家,供参考。

1. 稀释液配方与配制

Ⅰ液:葡萄糖 3 g、柠檬酸钠 3 g,加蒸馏水至 100 mL,溶解后,水浴煮沸消毒 20 min,冷却后加青霉素 10 万 U,链霉素 0.1 g,取 80 mL 加卵黄 20 mL。

Ⅱ液:取Ⅰ液 44 mL,加甘油 6 mL。

2. 精液冷冻制作

采出的精液,检查活率在 0.6 以上者即可冷冻,在 30℃下用Ⅰ液(30℃)进行 1∶1.5 倍稀释,包上 8 层纱布放在 4℃冰箱中预冷降温 1～2 h,在 4℃下加与Ⅰ液等量的含甘油的Ⅱ液,摇匀,最终按 1∶3 倍稀释,立即在氟板上滴冻成 0.1 mL 的颗粒。取本稀释液Ⅰ液 94 mL,加甘油 6 mL,合成Ⅰ液,就可以冷冻细管精液。

(八)输精

1. 输精时间

适时输精,对提高母羊的受胎率十分重要。山羊的发情持续时间为 24～48 h。排卵时间一般多在发情后期 30～40 h。因此,比较适宜的输精时间应在发情中期后(即发情后 12～16 h)。如以母羊外部表现来确定母羊发情的,若上午开始发情的母羊,下午与次日上午各输精 1 次;下午和傍晚开始发情的母羊,在次日上、下午各输精 1 次。每天早晨 1 次试情的,可在上、下午各输精 1 次。2 次输精间隔 8～10 h 为好,至少不低于 6 h。若每天早晚各 1 次试情的,其输精时间与以母羊外部表现来确定母羊发情相同。如母羊继续发情,可再行输精 1 次。

2. 母羊保定

这里介绍一种不需输精架的倒立保定法,它没有场地限制,任何地方都可输精。保定人将母羊头夹紧在两腿之间,两手抓住母羊后腿,将其提到腹部,保定好不让羊动,母羊呈倒立状。用温布把母羊外阴部擦干净,即可输精。

3.输精方法

(1)子宫颈口内输精。将经消毒后在1‰氯化钠溶液浸涮过的开膣器装上照明灯(可自制),轻缓地插入阴道,打开阴道,找到子宫颈口,将吸有精液的输精器通过开膣器插入子宫颈口内,深度约1 cm。稍退开膣器,输入精液,先把输精器退出,后退出开膣器。进行下只羊输精时,把开膣器放在清水中,用布洗去粘在上面的阴道黏液和污物,擦干后再在1‰氯化钠溶液浸刷;用生理盐水棉球或稀释液棉球,将粘在输精器上的黏液、污物自口向后擦去。

(2)阴道输精。将装有精液的塑料管从保存箱中取出(需多少支取多少支,余下精液仍盖好),放在室温中升温2～3 min后,将管子的一端封口剪开,挤1小滴镜检,活率合格后,将剪开的一端从母羊阴门向阴道深部缓慢插入,到有阻力时停止,再剪去上端封口,精液自然流入阴道底部,拔出管子,把母羊轻轻放下,输精完毕。

装在小瓶中保存的高倍稀释精液,要用输精器吸入后再输精(余下精液仍在0～5℃下保存),可做子宫颈口内或阴道输精。液态精液情期受胎率在80％以上。有人做过试验,阴道输精的情期受胎率比子宫颈口内输精的降低不到2％。所以说情期液态精液可以阴道输精,而且塑料管又可代替输精器,便于推广应用。冷冻精液必须进行子宫颈口内输精,否则会降低受胎率。有条件的用腹腔镜子宫角内输精,能使冷冻精液受胎率提高。

4.输精量

原精输精每只羊每次输精0.05～0.1 mL,低倍稀释为0.1～0.2 mL,高倍稀释为0.2～0.5 mL,冷冻精液为0.2 mL以上。

5.冷冻精液解冻

解冻好坏对解冻后活率有很大影响。笔者采用40℃水温解冻颗粒精液,先把小试管用维生素 B_{12}(每支含0.5 mg)冲洗一下,留一点维生素 B_{12},并快速在40℃水中摇动至2/3融化,取出试管继续速摇至全部融化,解冻后活率较好。

另外，建议做一个泡沫塑料小盒，倒上液氮，再把冷冻精液袋放入氮液中，这样可避免未解冻的颗粒精液，因升温又入液氮降温，影响活率。

(九)所需器材、药品、用品、表格

1. 所需器材、药品、用品

所需物品大部分已在文章中提到了。用于配制稀释液的药品、试剂：葡萄糖要一水的，柠檬酸钠、EDTA(乙二胺四乙酸二钠)都要分析纯的，青霉素、链霉素不要过期的，卵黄需新鲜鸡蛋，要用不加水的鲜奶。假阴道内胎，玻璃器皿易破损的物品要多准备一些。显微镜保温箱、开膣器照明灯、精液保存箱等能自己做的尽可能自己做，在实践中要有所创新。如要开展冷冻精液输精，要配备好液氮罐。

2. 表格

有种公羊精液品质检查表、母羊配种记录表、精液使用登记表及日常事务记录表等，各项记录必须按时、准确填写。统计分析，总结经验，改进工作。

第五章　山羊的饲草、饲料与营养

第一节　禾本科牧草的栽培与利用

一、冬春季饲草——冬牧 70 黑麦草

冬牧 70 黑麦草是从一年生黑麦草中选育的一个优质牧草新品种。种植冬牧 70 黑麦草是合理开发利用冬闲田和果园，解决初冬早春青饲料缺乏的一个有效途径，也是发展畜牧业的优良牧草品种。

(一)植物学特征与生态特性

冬牧 70 黑麦草是中国农业科学院从美国引进的一年生优质牧草新品种，我国华北、东北、西北部分地区、江淮流域及以南的中高山区、云贵高原等地均有大面积栽培。在肥沃、湿润、排水良好的沙壤土和黏土地上生长最好。

冬牧 70 黑麦草为禾本科黑麦属草本植物。须根发达、根系浅，主要分布于 15 cm 的表土层中。茎秆直立、光滑、中空，高 80～100 cm，有小花数朵，结种子较多，无芒，千粒重 28 g，亩产种子 150 kg 左右。

冬牧 70 黑麦草的最大特点是不与农作物争地，它只是利用闲田和果园来生产青饲料，或者与籽粒苋、饲用玉米、苏丹草等一年生牧草轮作。不仅提高了土地的利用率，而且能够使畜禽四季有青草供应，提高了经济效益。

(二)栽培与管理

播种时间以 9 月份至次年 3 月份最为适宜,播时以条播为主,行距与播小麦行距相似,每亩播种量 3.5～4 kg。凡在 8～10 月份秋播的苗高达 50～70 cm 时,可刈割 2 次。若 10 月份以后播种,可在苗高 50 cm 时刈割 1 次。第 2 年 3 月份左右可开始刈割,可刈割 2～3 次,亩产鲜草 5 000～7 000 kg。刈割时留茬8～10 cm,每次刈割应结合施肥、浇水。

(三)饲用价值与利用

冬牧 70 黑麦草分蘖多,再生能力强,生长迅速,营养丰富,适口性好,为各种畜禽和草食性鱼类的优质饲草。其茎叶干物质中含粗蛋白质 18%、粗脂肪 3.2%、粗纤维 24.8%、粗灰分 12.4%、无氮浸出物 42.6%、钙 0.79%、磷 0.25%。适于青饲,也可制作青贮饲料或制成干草粉利用。

二、最适于冬闲田种植的牧草——多花黑麦草

(一)植物学特征与生态特性

多花黑麦草,又名意大利黑麦草。原产于欧洲南部、非洲北部和西南亚,世界各温带和亚热带地区广泛栽培。我国长江流域及其以南地区种植较普遍。喜温暖湿润气候,在昼夜温度为 27℃/12℃时,生长速度最快。在潮湿、排水良好的肥沃土壤或有灌溉的条件下生长良好,不耐严寒和干热。夏季高温干旱,生长不良,甚至枯死。在长江流域低海拔地区秋季播种,第二年夏季即死亡。

多花黑麦草为禾本科黑麦草属一年生或越年生草本植物。须根系发达,主要分布在 15 cm 的表土层中。茎秆直立,光滑,株高 100～120 cm。叶片长 10～30 cm,宽 0.7～1 cm,柔软下披,叶背光滑而有光亮。

(二)栽培与管理

播前耕翻整地,每亩结合施农家肥 1 000 kg 做底肥。宜秋播,长江中下游地区 9 月 20 日前后播种最佳,行距 15～30 cm,深 1～2 cm,每亩播种量 1.5 kg。也可与水稻、玉米等轮作,或利用冬闲田种植。也可与紫云英混播,以

提高产量和质量。多花黑麦草喜氮肥,每次刈割后宜追施速效氮肥。每年可刈割 6～8 次,每亩产鲜草 7 000 kg 以上。

(三)饲用价值与利用

多花黑麦草茎叶干物质中含粗蛋白质 13.7%、粗脂肪 3.8%、粗纤维 21.3%、无氮浸出物 46.4%、粗灰分 14.8%。草质好,柔嫩多汁,适口性好,各种家畜均喜采食,适宜青饲、调制干草或青贮,亦可放牧。是饲养马、牛、羊、猪、禽、兔、鹅和草食性鱼类的优质饲草。适宜刈割期:青饲为孕穗期或抽穗期,调制干草或青贮为盛花期,放牧宜在株高 25～30 cm 时进行。

(四)品种介绍

(1)邦德:是四倍体,比普通一年生黑麦草的植株更大,叶片更宽,叶片汁液及植株细胞的含水量更高。它的高活力、强抗病性以及丰产性均较突出。

(2)特高:新品种,喜温凉湿润的气候,冬春季割草利用。生长快、年产量和营养价值高、适口性好。

(3)劲能:早熟型品种,叶片繁茂呈深绿色。该品种建植速度快,一般情况下,播种 1 个月后便可进行第 1 次刈割,以后每隔 25～30 d 刈割 1 次。

(4)牧杰:与劲能特性相似,牧杰干草粗蛋白质含量最高可达 22%,无氮浸出物含量最高可达 45%,利用率高、适口性好,各种畜禽和鱼类均喜采食。

三、最适于退耕还林的优质牧草——鸭茅

(一)植物学特征与生态特性

鸭茅,又名鸡脚草、果园草。原产于欧洲、北非及亚洲的温带地区。现已遍及世界温带地区。适宜温暖湿润的气候条件,抗寒性低于猫尾草和无芒雀麦,最适宜生长温度为 10～28℃。耐热性差,当温度在 30℃ 以上时,生长受阻,但其耐热性和耐寒性都优于多年生黑麦草。对土壤的适应范围较广泛,但在肥沃的壤土或黏壤土上生长最为繁茂。耐阴性强,阳光不足或在遮蔽条件下生长正常。适宜混播及在疏林地或果园中种植。

鸭茅为禾本科鸭茅属多年生草本植物,须根系。茎直立或基部膝曲,疏丛型,高 70～120 cm。叶片蓝绿色,幼叶呈折叠状。基部叶片密集下披,长 20～30 cm,宽 0.7～1.2 cm。

(二)栽培与管理

播前需要精细整地,播种期可在秋季或春季,秋播不迟于 9 月下旬,春播在 3 月下旬。条播行距 30 cm,播种量每亩 1～1.5 kg。还可与白三叶、红三叶、多年生黑麦草、苇状羊茅等混播,建植混播草地。对肥料敏感,在生长季节及刈割后追施速效氮肥,可明显提高产量。每年可刈割 3～4 次,亩产鲜草 3 000～4 000 kg。

(三)饲用价值与利用

抽穗期茎叶干物质中含粗蛋白质 12.7%、粗脂肪 4.7%、粗纤维 29.5%、无氮浸出物 45.1%、粗灰分 8%。草质柔软,营养丰富,适口性好,是草食畜禽和草食性鱼类的优质饲草。适宜青饲、调制干草或青贮,亦适于放牧利用。

(四)品种介绍

(1)安巴:从荷兰引进的品种,出苗快,长势旺盛,草质柔嫩,叶量丰富,各种家畜均喜食,可调制干草、青饲或青贮。营养物质丰富,抽穗期鲜草中的维生素含量很高,其中,胡萝卜素 30 mg/kg、维生素 E 248 mg/kg、铁 100 mg/kg、锌 20 mg/kg。

(2)白兰:所有特性都非常可靠。以其适口性好、消化率高而被广泛应用。抽穗期晚,有利于晚秋收获。

四、多年生适应性强的优质牧草——苇状羊茅

(一)植物学特征与生态特性

苇状羊茅为禾本科羊茅属多年生草本植物,须根系发达,入土较深。茎直立,分 4～5 节,疏丛型,株高 80～140 cm。叶袋状,长 30～50 cm,宽 0.6～1 cm,叶背光滑,叶表粗糙。基生叶密集丛生,叶量丰富。圆锥花序,松散多

枝。适宜刈割青饲、调制干草,还可放牧利用,草食家畜均喜采食。

苇状羊茅适应性广,对土壤要求不严,耐寒、耐热、耐潮湿、抗旱,在冬季－15℃条件下可安全越冬,夏季在 38℃ 高温下可正常越夏,因而被广泛种植在暖温带、亚热带丘陵岗地和盐碱地等条件恶劣的土地上。最适宜年降水量450 mm 以上和海拔 1 500 m 以下的温暖湿润地区生长,在肥沃、潮湿黏土上生长最为繁茂,株高可达 2 m。

(二)栽培与管理

苇状羊茅容易建植,可春、秋两季播种,也可夏播,华北大部分地区以秋播为宜。整地时深耕细耙,能有效防除杂草。结合整地,施足底肥,对于特别贫瘠的土壤,最好施入 1 500～2 000 kg/亩的有机厩肥作为基肥,若在每次刈割利用后,追施速效氮肥(尿素 5 kg/亩或硫酸铵 10 kg/亩),可大幅度提高产量。

苇状羊茅多采用条播,行距为 30 cm,播种深度为 1～2 cm,播种后用细土覆盖。可单播,还可与白三叶、苜蓿、鸭茅等牧草混播建立人工草地。苇状羊茅单播时的播种量为 2 kg/亩;混播时的播种量为 1 kg/亩。最好不与黑麦草混播,因为黑麦草的建植速度较快,会影响苇状羊茅的出苗和建植。

(三)饲用价值与利用

苇状羊茅叶量丰富,草质较好,如能适期利用,可保持较好的适口性和利用价值。

苇状羊茅属上繁草,适宜刈割青饲或晾制干草,为了确保其适口性和营养价值,刈割应在抽穗期进行。春季、晚秋以及收种后的再生草还可以放牧利用,应注意合理轮牧。

(四)品种介绍

法恩:从美国进口的牧草品种,适应性极广,能在强酸(pH 4.7)至碱性(pH 9.5)的条件下生存和生长。

法恩是建植速度最快的苇状羊茅品种之一。长势旺盛,生长迅速,春季返青早,秋季可经受 2～3 次初霜冻害。北方地区每年可生长 270～300 d,南方地区可四季生长。在中等肥力土壤条件下,全年干物质产量可达 1 000～1 200 kg/亩。

五、夏季高产牧草——杂交苏丹草

(一)植物学特征与生态特性

杂交苏丹草是禾本科高粱属的高粱与苏丹草的杂交品种。须根系强,植株高大,2～3 m,叶片肥大;长相似高粱,籽粒偏小,紫褐色,穗型松散,分蘖能力强,分蘖数一般为 20～30 个,分蘖期长,可持续整个生长期。叶色深绿,褐色中脉,表面光滑,叶片宽线型,长达 62 cm,宽约 4 cm,圆锥花序,疏散形,单性花,没有雄蕊,果实为颖果,种子为卵形,颜色粉红,千粒重依不同的品种而异。

杂交苏丹草综合了高粱茎粗、叶宽和苏丹草分蘖力、再生力强的优点,适口性好,消化率高,可作为青饲料喂养牛、羊、鱼等,也可制作青贮饲料,解决冬季无草和冬储草品质低下的现状,是一种高产优质饲草。杂交苏丹草在我国北方种植全年可刈割 2～3 次,南方可刈割 3～4 次。亩产鲜草 10 000 kg 以上,水肥条件充足,总产量可达 15 000～20 000 kg/亩。

(二)栽培与管理

杂交苏丹草对土壤要求不严,最好选择土地肥沃,有灌溉条件的地块,沙壤土为佳。一般在 4 月下旬至 5 月上旬地温达 10℃以上时播种,多采用条播,行距 40～50 cm,播种深度 1.5～3 cm,播种量 1.5～2 kg/亩。种肥应包括氮肥和钾肥,氮肥施用量 3～6 kg/亩,钾肥用量依具体情况而定。为了提高产量和青饲料的品质,减少养分消耗,可与豆科作物或一年生豆科牧草混播。杂交苏丹草幼苗不适放牧,雨天刈割易烂茬。每次刈割后,追施氮肥 20 kg/亩,施肥后进行浇水。

(三)饲用价值与利用

杂交苏丹草植株含粗蛋白质 13%、粗脂肪 1.85%、粗纤维 26.34%、灰分

6.45％、无氮浸出物 45.26％,消化率可达 60％。亩产鲜草 10 000 kg 以上。植株幼小时不要放牧,当植株达 1 m 高时,可放牧或刈割,刈割留茬高度 10～20 cm,不要让饥饿的家畜直接采食杂交苏丹草,应先提供其他饲料。可青饲,也可制作青贮饲料。

(四)品种介绍

(1)魔术师:须根系强,植株高大,2～3 m,长相似高粱,籽粒偏小,紫褐色,穗型松散,分蘖能力强,分蘖数一般为 20～30 个,分蘖期长,可持续整个生长期。叶片肥大,叶色深绿,褐色中脉,表面光滑,叶片宽线型,长达 62 cm,宽约 4 cm。抗旱力强,在降雨量仅 250 mm 的地区,种植仍可获得较高产量。

(2)润宝:生育期 125～130 d,株高 280 cm 左右,幼苗叶片紫色,叶鞘浅紫色,成株叶片 17～19 片,根系发达,分蘖性好,茎秆含糖量高。

六、多年生夏季高产牧草——杂交狼尾草

(一)植物学特征与生态特性

杂交狼尾草又名杂交象草,是美洲狼尾草和象草的杂交种,属多年生草本植物。它综合了父本高产、母本品质好的特点。杂交狼尾草株高 3.5 m 左右,每株分蘖可达 20 个以上,刈割后分蘖明显增加。该品种供草期较长,从 6 月上旬直至 10 月底均可供应鲜草,亩产鲜草 10 000 kg 以上,华南地区可达 15 000 kg,甚至更高。干草粗蛋白质含量 9.95％,青刈、青贮均可。全年可刈割 5～8 次,是牛、羊、兔、鹅和草食性淡水鱼的优质青饲料。

(二)栽培与管理

(1)育苗移栽。长江中下游地区于 3 月底前后用小棚膜覆盖育苗,由于杂交狼尾草是喜温牧草,所以苗床温度最好控制在 25～30℃,有利于出苗。播种时用农药(呋喃丹等)拌种,以防地下害虫,一般亩施呋喃丹 2～2.5 kg。播种后在排水沟中灌水,进行洇灌,切忌大水漫灌,以免造成地面板结,严重影响出苗。当苗长到 6～8 片叶子时,向大田移栽,亩用种量 150 g。

（2）直播。长江中下游地区于 4 月下旬至 5 月下旬播种，当平均气温稳定到 15℃ 以上时，可以播种。播前精耕细作，采用行距 45 cm 的条播，亩用种量 250 g。长江中下游地区，亩产 10 000 kg 以上。从 6 月中旬直至初霜前均可供草，7～8 月份生长最旺。

（3）春季栽植。取老熟茎秆，2～3 节切为一段，或用分株苗，按行距 60 cm，株距 30 cm 定植，茎芽朝上斜插，以下部节埋入土中而上部节腋芽刚入土为宜。栽植后 60～70 d，株高达 1～1.5 m 时即可刈割。

（三）饲用价值与利用

营养生长期株高 1.2 m 时茎叶干物质中含粗蛋白质 10%、粗脂肪 3.5%、粗纤维 32.9%、无氮浸出物 43.4%、粗灰分 10.2%。茎叶柔嫩，适口性好，宜刈割青饲或青贮，草食家畜均喜采食，也是草食家禽及草食性鱼类的优质青饲料。

七、夏季高产牧草——墨西哥玉米

（一）植物学特征与生态特性

墨西哥玉米为禾本科类假蜀黍属一年生草本植物，又称墨西哥假玉米。须根发达，茎秆粗壮，直径 1.5～2 cm，直立，丛生，高 3.5 m 左右。雌雄同株异花，雄穗着生茎秆顶部，分枝多达 20 个左右，圆锥花序；雌穗多而小，距地面 5～8 节，每节着生一个雌穗，每株 7 个左右，肉穗花序，花丝青红色。每穗产种子 8 粒左右，种子互生于主轴两侧，外有一层包叶庇护，种子呈纺锤形，麻褐色。成熟种子千粒重为 54～70 g。

墨西哥玉米生长旺盛，生长期长，分蘖期占全生长期的 60%。南方地区 3 月上旬播种，9～10 月份开花，11 月份种子成熟，全生育期 245 d，种子成熟后易落粒；在北方种植时，营养生长较好，往往不结实。

墨西哥玉米喜温、喜湿、耐肥，种子发芽的最低温度为 15℃，最适温度为 24～26℃；生长的最适温度为 25～30℃。耐热，能耐 40℃ 的持续高温，不耐低温霜冻，气温降至 10℃ 以下生长停滞，−1～0℃ 时死亡。适宜 pH 为 5.5～8

的微酸性土壤。不耐涝,浸淹数日即可引起死亡。

(二)栽培与管理

播种要选择平坦、肥沃、排灌方便的地块,结合耕翻,亩施厩肥 2 000 kg 做基肥。春季适期早播,可条播或空播,条播行距 50 cm,株距 30 cm;穴播穴距 50 cm×50 cm,播深 2 cm。播种量 1 kg/亩。

苗期注意防地老虎为害,以确保全苗,可采用毒饵诱杀,也可早上查苗捕杀。春季雨水多,要注意清沟排水,才利于幼苗生长。苗期气温较低,生长缓慢,此时易滋生杂草,需中耕除草 1~2 次。定苗要在拔节以后,每穴留苗 1 株,最多 2 株。

水肥充足才能高产,除施足基肥外,在分蘖至拔节期追施 1 次速效氮肥 5~10 kg/亩。干旱缺水对生长影响很大,连续多天无雨,叶尖会出现萎蔫,要及时灌水。入夏以后,当植株下部茎节长出气根时进行培土,有利于气根入土吸收养分,支撑植株,防止倒伏。

做青饲用时,可在苗高 1 m 左右刈割,留茬高度为 10 cm,每刈割 1 次施速效氮肥 5~10 kg/亩,以促进再生草生长,亩产鲜草 10 000 kg 左右;做青贮用时,可先刈割 1~2 次青饲后,当再生草长到 2 m 左右高、孕穗时再刈割;做种子用时,也可刈割 2~3 次后,待其植株结实,苞叶变黄时收获,每亩收种子 50 kg。

(三)饲用价值与利用

墨西哥玉米鲜草含干物质 20% 左右,干物质中含粗蛋白质 8%~14%、粗脂肪 2%、粗纤维约 30%、无氮浸出物 38%~45%、粗灰分 9%~11%。羊、兔、牛、鱼等都爱吃,猪也爱吃。利用时要现割现喂,刈割期随饲喂对象有异。鹅、猪、鱼以株高 80 cm 以下为好;牛、羊、兔可长至 100~120 cm 青喂。若超过 120 cm,下部茎纤维增多,利用率下降。含糖分较高,除做青料外,还是青贮的原料。6~9 月份是墨西哥玉米的生长旺季,也是青贮的好季节,株高 150 cm 刈割,每年可刈割 4~5 次,搞好青贮可以实现旺、淡季的均衡供应。也可以调制成干草及草粉、草颗粒。

第二节　豆科牧草的栽培与利用

一、牧草之王——紫花苜蓿

紫花苜蓿为苜蓿属多年生豆科植物,原产于古伊朗,公元前 2 世纪传入我国,是世界上栽培最广泛、最重要,也是我国分布最广、栽培历史最久、经济价值最高、种植面积最大的一种优质豆科牧草,被誉为"牧草之王"。紫花苜蓿产量高,品质好,氨基酸含量非常丰富,并含有多种维生素和微量元素。因其具有蛋白质含量丰富,组成比例合理,畜禽喜食,具有开发成保健品的潜力等特点,在国内外的栽培面积不断扩大,随着我国农业结构的调整、畜牧业尤其是奶产业的蓬勃兴起,加之西部大开发,退耕还林还草,苜蓿产业必将会得到更大的发展。

(一)植物学特征与生态特性

紫花苜蓿为苜蓿属多年生豆科草本植物,株高 30～100 cm,根系强盛,主根深入土中长达 2～6 m,侧根多分布于 20～30 cm 的土层中,根部共生根瘤菌,具有固氮养地作用。茎分枝力强,耐刈割,直立或斜生,棱形,较柔软,粗 2～4 mm,中空或有白色髓。三出羽状复叶,小叶长圆形,叶片长 10～25 mm,宽 3.5～15 mm。蝶形花,紫色,总状花序,属严格异花授粉植物。种子肾形,黄褐色,陈旧种子为深褐色。

紫花苜蓿适应性广泛,喜温暖和半湿润到半干旱气候,多分布在长江以北地区,在降雨量 300 mm 左右的地区都能生长,抗寒性强,最适宜在地势高燥、平坦、排水良好、土层深厚的沙壤土或壤土中生长。国际上根据抗寒性的不同,将紫花苜蓿品种分为 10 个休眠级。休眠级为 10 的品种冬季不休眠,适于冬季温暖地区种植;休眠级为 1 的极休眠,适于冬季极其寒冷的地区种植。

北方在墒情较好的情况下,春播 3～4 d 出苗,幼苗生长缓慢,根生长较快,播后 80 d 茎高 50～70 cm,植株开始现蕾开花。秋播迟者不能越冬。长江流域 9 月下旬播种者当年地上部分生长较慢,入冬前,分枝可达 5 个左右,次年 4 月份生长最旺盛并现蕾开花。夏季高温,生长不佳。

(二)栽培与管理

各地应根据当地的温度、降雨量、轮作制度和苜蓿的栽培用途选择不同休眠级的品种、土地和播种时间。紫花苜蓿种子细小,幼苗较弱,早期生长缓慢,整地务必精细,上松下实,以利于出苗。紫花苜蓿播种前应晒种 2～3 d,可提高发芽率。播种期可选择春季、夏季,也可选择秋季,北方宜春播或夏播,华北 8 月份为佳,长江流域 9 月份最好。不论春播或夏播,均应结合下雨或灌溉。播种紫花苜蓿以雨后最好。雨后趁墒情播种,此时水分充足,土壤疏松而不板结,最易获得全苗。若播后再灌水则最不好,因土壤易板结、干裂,不能获全苗。

播种方法为条播或撒播,条播行距 30～50 cm,播种深度 2 cm 左右,土湿宜浅,土干宜深。播前曝晒种子 3～5 d,单播用种量 1～1.5 kg/亩。春季和秋季播后需要镇压,使种子紧密接触土壤,以利于发芽,但在水分过多时,则不宜镇压。

紫花苜蓿有固氮能力,对磷、钾、钙的吸收量大,因此使用充足的有机肥做基肥,如厩肥、堆肥,施肥后紫花苜蓿生长繁茂。

苗期生长缓慢,需进行除草,以免受杂草危害,除草剂可选择土壤处理剂灭草猛及索拉,能有效地防除苜蓿田里的杂草,也可选择苗期用地乐酯、2,4-D-丁酯等,且对紫花苜蓿安全,增产效果好。刈割时结合浇水,追施磷肥、钾肥,可保证稳产高产。紫花苜蓿常见的虫害有蚜虫、浮尘子、盲椿象、潜叶蝇等,可用敌百虫防治。病害可用波尔多液、多菌灵防治。

在早春返青前或每次刈割后进行中耕松土,干旱季节和刈割后浇水对提高产草量效果非常显著。

紫花苜蓿每年可刈割 3～4 次,一般亩产干草 600～800 kg,高者可达 1 000 kg 以上。通常每 4～5 kg 鲜草晒制 1 kg 干草。晒制干草应在 10% 植株开花时刈割,过早影响产量,过迟降低饲用价值。留茬高度以 5 cm 为宜。最后一次刈割不宜太迟,否则不利于安全越冬。

(三)经济价值与利用

紫花苜蓿素以"牧草之王"著称,不仅产草量高、草质优良,而且营养价值高,富含粗蛋白质、维生素和矿物质。蛋白质中氨基酸种类比较齐全,动物必需氨基酸含量丰富。干物质中粗蛋白质含量为 15%～25%,相当于豆饼的1/2,比玉米高 1～1.5 倍。赖氨酸含量为 1.06%～1.38%,比玉米高 4～5 倍。紫花苜蓿适口性好,各种畜禽均喜采食。幼嫩的苜蓿饲喂猪、禽、兔和草食性鱼类是良好的蛋白质和维生素补充饲料,鲜草或青贮饲喂奶牛,可增加产奶量。无论是青饲、青贮或晒制干草,都是优质饲草。利用苜蓿调制干草粉,制成颗粒饲料或配制畜、禽、兔、鱼的全价配合饲料,均有很高的利用价值。若直接用于放牧,反刍家畜会因食用过多而发生膨胀病,因此,在放牧草地上提倡用无芒雀麦、苇状羊茅等与苜蓿混播,这样既可防止膨胀病,又可提高草地产草的饲用价值。苜蓿与苏丹草、青刈玉米等混合青贮,其饲用效果也很好。

苜蓿根须强大是很好的水土保持植物。根上长有根瘤,可固定空气中的氮素,除满足自身所需氮素之外,还可增加土壤中的氮,因此也是很好的绿肥植物。苜蓿芽菜和早春幼嫩苜蓿枝芽也可作为绿色食品供人们食用。

(四)品种介绍

(1)三得利:以干物质产量高,质量优而著称的品种。休眠级 5 级,春季返青早,可提前获得苜蓿鲜草。夏季生长非常旺盛,因而产量高于其他品种。

(2)苜蓿王:美国进口优质品种,休眠级为 3～4 级,适宜于我国西北、华北等长江以北大部分地区种植。茎秆直立,根茎分蘖能力强,能迅速形成健壮密集株丛,刈割后生长速度快,产量高。

(3)阿尔刚金:美国进口普通紫花苜蓿品种,休眠级为 2～3 级,适合我国北方种植。直立性好,单株分枝较多,刈割后的再生速度较快,草质柔嫩,叶量丰富,粗蛋白质含量高。抗寒、抗旱性强,能在降水量仅为 200 mm 的地区良好生长,对褐斑病、黄萎病的抗性很强。草产量较高,在气候条件适宜、管理措施合理的情况下,干草产量可达 1 000 kg/亩左右,甚至更高。

（4）WL323多叶型：茎叶比低，干草产量高。WL323多叶型休眠级4级，3个以上小叶的叶片占总叶片数量的80%左右，刈割后再生迅速。秋季休眠晚，春季返青早，持久性好，抗寒性强，抗病虫害能力很强，对各种环境条件的适应强，干草质量高，适于北方大部分地区种植。

二、最适于退耕还林的优质牧草——白三叶

白三叶又名荷兰翘摇、白车轴草，豆科，三叶草属。原产于欧洲，现广泛分布于温带及亚热带高海拔地区。我国黑龙江、吉林、辽宁、新疆、四川、云南、贵州、湖北、江西、安徽、江苏、浙江等地均有分布，是一种极重要的栽培牧草及优良的草坪植物。

（一）植物学特征与生态特性

白三叶为豆科白三叶属多年生草本植物，主根短，侧根发达，集中分布于表土15 cm以内，多根瘤，具有固氮能力。主茎短，茎实心，由茎节向上长出匍匐茎，长30～60 cm，基部分枝多，光滑细软，茎节处着地生根，向上长叶，并长出新的匍匐茎向四周蔓延，侵占性强。掌状三出复叶，互生，叶柄细长直立，小叶倒卵形或心脏形，叶面中央有"V"形白斑纹，叶缘有细齿。头状花序，生于叶腋，小花白色，种子小，心脏形，黄色或棕黄色。千粒重0.5～0.7 g。

白三叶喜温凉湿润气候，生长最适宜温度19～24℃，适应性广，耐热、耐寒、耐阴、耐酸，幼苗和成株能忍受−6～−5℃的寒霜，在−8～−7℃时仅叶尖受害，转暖时仍可恢复生长；盛夏时，生长虽已停止，但无夏枯现象；在遮阴的园林下也能生长。对土壤要求不严，只要排水良好，各种土壤均能生长，最适富含钙质及腐殖质的黏质土壤，适宜的土壤pH 6～7，耐酸，不耐盐碱。

白三叶再生力极强，为一般牧草所不及。夏季高温干旱时生长不佳。

（二）栽培与管理

白三叶种子细小，播前应精细整地，最好用三叶草根瘤菌拌种。可春播或秋播，南方以秋播为宜，北方宜春播。秋播不宜迟于9月中下旬，春播宜在3月上中旬。条播行距20～30 cm，深1～1.5 cm，单播每亩用种量1 kg左右。

撒播每亩用种量 1.5~2 kg。白三叶最宜与黑麦草、鸭茅等混播。与鸭茅混播是果园种植牧草的最佳组合。白三叶苗期生长缓慢，应注意中耕除草，一旦建成则竞争力很强，可多年不衰，应经常刈牧利用，适当管理以促进其生长。混播草地中禾本科牧草生长旺盛时应经常刈割，以免白三叶受抑制而衰退。

白三叶春播当年亩产青草 1 000~1 500 kg，第 2 年即可产 4 000~6 000 kg。用做水土保持，其播种量应加到 2~3 倍。

(三)饲用价值与利用

白三叶茎叶柔嫩，在 1/10 开花时，茎占 48.7%，叶占 51.3%。开花前的白三叶富含蛋白质而粗纤维含量低，与生长阶段相同的苜蓿、红三叶相比，较优越。

白三叶茎枝匍匐，再生力强，耐践踏，最适于放牧。用来放牧猪、禽时，适于单播，用来放牧草食家畜时，最好与禾本科牧草混播，既可保持单位面积内干物质和蛋白质的最大产量，且可防止臌胀病的发生。

秋季生长的茎叶应予以保留，以利越冬。地冻时禁止放牧，以免匍匐茎遭践踏而受损伤。

(四)品种介绍

(1)海法(Haifa)：大叶型白三叶品种，多分枝，致密，持久性好，适于放牧。海法的小花为白色，抗寒性强，在冬季积雪厚度 20 cm，积雪时间 1 个月，气温在 −15℃ 的条件下，能安全越冬。在 7 月份平均温度高于 35℃，短暂极端高温达 39℃ 时，能安全越夏。抗病虫害在白三叶中居前列，产量中等。具有发达的匍匐茎，很强的耐阴性和适应性。特别适宜与鸭茅混播在果园种植，是果园牧草的首选，也是庭院、公园、城市绿化带的地被植物。

(2)那努克(Nanouk)：为致密的小叶型白三叶品种，叶片非常小，植株低矮，适合放牧，持久性好。不适合与生长高的草混播进行刈割，它作为从丹麦及北欧的育种材料中选育出来的小叶型品种，耐寒性非常优秀，抗茎病、根腐病及线虫病。抗热性好，叶片鲜嫩，覆盖地面迅速，枯黄期晚，综合性能好。

第三节　饲料作物及其他作物的栽培与利用

一、饲用玉米

(一)植物学特征与生态特性

饲用玉米是玉蜀黍属一年生草本植物,也被称为苞谷、苞米等。玉米为须根系,根系发达,主要分布在 0~30 cm 的土层中,最深可达 150~200 cm,玉米的茎呈扁圆形,茎粗 2~4 cm,株高 1.5~4.0 m,是禾谷类中最高、最粗的作物之一。玉米的叶片数目一般为 15~22 片。每个叶片长 80~150 cm,宽 6~15 cm。

饲用玉米对土壤要求不严,pH 为 6~8、土质疏松、深厚、有机质丰富的黑钙土、栗钙土和沙质土壤均可种植。

(二)栽培与管理

春播饲用玉米在 7.6 cm 土层内温度稳定在 15℃时为最佳播种期,播种深度以 5~6 cm 最适宜,播前每亩施 2 000~3 000 kg 的优质厩肥做基肥,播种时每亩应施 4~5 kg 硫酸铵、15~20 kg 过磷酸钙、2~3 kg 氯化钾做种肥。一般说来,玉米在青贮和青饲栽培中,为了充分利用土地和光热资源等,大多采用与大豆、毛叶苕子、野生大豆间作、套作、混作或进行复种,可有效提高饲用玉米的产量,并使青贮饲料中的营养成分更丰富。

饲用玉米植株高大,籽粒和茎叶产量高,要求管理精细,施肥、灌水、化学除草及防治病虫害等都是提高玉米产量的关键措施。

(三)饲用价值与利用

饲用玉米产量高,籽粒、茎叶营养丰富,各种家畜均喜采食,青刈和青贮玉米更是奶牛必不可少的饲料。饲用玉米整株都可饲用,利用率达 85% 以上。随着畜牧业的发展,玉米作为饲料作物在我国的地位会日趋重要。

二、高粱

(一)植物学特征与生态特性

高粱又名红粮,是我国旱地粮食作物之一,也是牲畜的好饲料和酿酒的主要原料。青绿茎叶是很好的青贮原料,也可做青刈饲料及晒制干草。

高粱属喜温作物,种子发芽的最低温度为 8～10℃,最适温度为 20～30℃。高粱具有丰富的营养成分,除用于酿酒、食用和做饲料以外,在制糖加工工业上也有广阔的用途。高粱穗可做扫把,高粱秆可制成胶合板做建筑材料,高粱真是一身都是宝。

(二)栽培与管理

当 10 cm 土层温度稳定在 12℃以上时即可播种。高粱最适宜的播种期是 4 月下旬,常规种植宜早播,杂交种宜迟播。播种期过早,土温低、出苗时间延长,易导致烂种烂芽严重,出苗率低,且不整齐;播期过迟,生育后期易受高温伏旱影响,穗部虫害也重。一般移栽油菜、小麦的地在 4 月中下旬播种。高粱育苗应选用土质偏沙,背风向阳,肥力中上等的菜园地做苗床。床土要深挖细欠,开好厢沟,结合施肥整平、整碎,做到平整、细软,土肥融合,水分适中。播前要精选种子,筛选出无病虫害、大而饱满的种子,曝晒 3～4 d,用 50℃的温水浸种 6 h,晾干水汽后播种。一般栽 1 亩地需播种250～500 g,其中常规种250 g,杂交种 500 g。每亩苗床播种 4～6 kg,混泥撒播,播后盖细土 1 cm 或泼施浓猪粪盖种,再搭拱盖膜保温。出苗后及时揭膜,3 叶时定苗,保持株间距 3 cm,并追施清粪水 2 000 kg 提苗。如有蚜虫,可用 10％的吡虫啉 5 000 倍液喷雾防治,雨后及时移栽。

1. 实施三优三水、一密一矮种植技术

"三优"即优化土地,首选水肥条件优越、产量水平高的地块;优化品种,选耐密植、高抗病、千粒重 80 g 以上的品种;优化配方施肥,根据高粱作物生育期的需肥规律,采用氮、磷、钾配合的施肥方法,每亩施尿素 30 kg 以上,并采取分次施肥的原则,保证高粱作物各生育阶段对养分的需要。"三水"即保证高粱作物各生育阶段对播前水、苗期水和灌浆水的需要,以保证植株的正常生长。"一密"即合理密植,每亩高粱田留苗必须达到1万株。"一矮"即在高粱作物生育阶段喷施植物生长调节剂,可对高粱苗株生长起到控高增粗的作用,可有效地防止植株倒伏。

2. 苗期管理

在高粱幼苗生长到6叶期定苗,每亩留苗1万株。当高粱生长到拔节前中耕1次,拔除分蘖。高粱苗生长到孕穗期要加强管理。到高粱苗生长到9叶期时进行追肥,每亩追碳酸氢铵40 kg、尿素15 kg,这是由于高粱作物此时已进入营养生长和生殖生长并进阶段,此时追肥有利于促进高粱叶片宽厚,茎秆粗壮,促进穗分化。

3. 适时化控

在高粱苗株生长进入10叶期后进行化控,即用乙烯利水剂每亩15 mL兑水喷施高粱苗株,这样就有效地缩短了高粱作物的茎秆基部节间长度,是防止高粱作物倒伏的一项有效技术。在高粱作物生长到18片叶时,即在高粱作物大喇叭口至抽穗前,植株对水分的需求进入高峰时期,这个时期对高粱田饱浇水,对高粱作物吸收养分,起着促进生长的重大作用。

4. 病虫害防治

防治高粱黏虫要做到及时准确,必须把黏虫消灭在3龄以前,每亩高粱田用辛硫磷乳油50 mL或用20%速灭杀丁15 mL兑水50 kg喷施,可有效地防治黏虫为害。

(三)饲用价值与利用

高粱籽粒是重要的饲料,尤其是在北方作为马料。高粱茎叶还可青饲或青贮。青饲用的高粱多为分蘖茂盛、多汁、含糖高的类型,清香可口又易于乳酸发酵,十分适宜家畜饲用。

(四)品种介绍

(1)辽杂5号:"八五"期间育成的粮酿兼用,并且早熟、高产、优质、耐瘠的优良品种。

(2)晋杂 12 和晋杂 86-1:耐旱、高产品种。

还有一批高产、优质的高粱新品种:大粒红(黑龙江)、歪 17 即歪脖张 17(吉林)、锦 9-2(锦州)、护 22(吉林)、熊岳 253(熊岳)、八叶齐(沈阳)、商粮 3(商丘)。

三、大麦

大麦在我国栽培的历史悠久。我国是世界上栽培大麦最早的国家之一,青藏高原是大麦的发祥地。

(一)植物学特征与生态特性

大麦有带稃与不带稃两种类型,带稃的叫皮大麦,不带稃的叫裸大麦。皮大麦的稃与颖果结合在一起,因此脱粒时不易除去。皮大麦的稃壳占籽粒重量的 10%～25%。裸大麦籽粒是颖果,中部肥厚宽大,两端较小麦略尖,呈纺锤状,背部隆起,基部有胚,腹面有一条纵沟,比小麦腹沟狭而浅,顶部有绒毛,一般较小的大麦粒绒毛短而稀。角质大麦含淀粉少、蛋白质多,适合食用或做饲料。

(二)栽培与管理

(1)适时播种。一般在立冬至立冬后 6～8 d 播种,不能及时播种或迟播,可用催芽法弥补,一般可提早 3～8 d,但催芽播种时注意土壤湿润。

(2)适量播种。在正常条件下按"斤种万苗",高产田每亩播种量为 10 kg 左右。

(3)精细覆土。覆土 2 cm 为宜,在播后用撬沟泥均匀盖在畦上,也可用开沟机进行覆土,工效高,质量好。

(4)做好抗旱工作。天气干旱,田土干燥,出苗缓慢,如连续干旱应及时灌水,确保早苗、匀苗、全苗。一般沟灌水至畦平或半沟即止,到畦面润湿后立即排干。

(5)播后化学除草。麦田杂草多的田块还可考虑在大麦 1 叶 1 心至 2 叶 1 心期选用 50%高渗异丙隆每亩 125 g 或 70%麦草净每亩 70 g 加水 50 kg 均匀喷雾。条播麦可局部锄草。

（6）及时查苗补缺。

（7）培土压泥。在 4～5 叶期，结合清沟，利用沟泥压麦。

（8）看苗适施"麦枪肥"。齐苗后如麦苗生长不良可酌情适施"麦枪肥"，一般可亩施尿素 5 kg 左右。

（9）清沟排水。要保证排水畅通，雨停田沟不滞水，增强根系活力，确保后期不早衰，不倒伏。

（10）施好拔节孕穗肥。免耕麦后期易早衰，施用穗肥增产效果较翻耕麦更明显，一般在大麦 8 叶期，每亩施尿素 4～5 kg。

（11）防治病虫害。做好蚜虫和黏虫以及赤霉病的防治工作。

（12）防止倒伏。选用抗倒高产品种，开好深沟防积水，合理密植；科学用肥，防止重施迟施氮肥，造成后期贪青倒伏。

（三）饲用价值与利用

大麦适宜收割期在蜡熟末期。种子应晒干扬净，趁热进仓，在梅雨季节应选晴天和伏天 2 次翻晒，当大麦籽粒水分降至 13％以下时，清选、加工、装袋、入库，以保安全储藏。

（四）品种介绍

（1）花 30：该品种春性，株高 80 cm，千粒重 40 g 左右，籽粒皮色清白，颗粒饱满、均匀，属二棱皮大麦。分蘖力特强，耐肥抗倒，耐寒性好，耐大麦黄花叶病和赤霉病，抗白粉病、条纹叶枯病，综合抗性较好，年度稳产性较好。制啤质量指标接近优级国标，属优质大麦。该品种大面积亩产达 350 kg 左右，千亩高产示范方平均亩产达 400 kg，高产田块平均亩产接近 500 kg。该品种适于在浙江、上海、江苏、安徽及相邻地区种植。

（2）京卓 1 号：为春性二棱皮大麦，幼苗直立，分蘖力强，成穗率高。株高 85～90 cm，抗倒伏能力较强，穗粒数 22～28 粒，千粒重 42～46 g，生育期（出苗至成熟）90～95 d。

京卓 1 号大麦籽粒作为饲料营养成分齐全，含有 18 种氨基酸、维生素、糖分。喂猪可提高瘦肉率,降低脂肪中不饱和脂肪酸,改进肉质,在玉米粉饲料中加 15%～20%的大麦粉,使猪的瘦肉率提高 6%～9%,也是猪、禽、鱼等饲料搭配不可缺少的原料。京卓 1 号大麦繁茂性好,可做青饲料,而且割青产量高,适口性好,营养价值高,易消化,增加生禽食欲,喂奶牛,提高产奶量。

(3)西引 2 号:西北农业大学引自日本浅间麦。1984 年陕西省农作物品种审定委员会认定,1986 年安徽省农作物品种审定委员会审定,1990 年全国农作物品种审定委员会认定。弱冬性,中早熟,属六棱长芒,株高 75～90 cm,株型紧凑,叶姿挺举,穗直立,千粒重 30～34 g,耐水肥,不耐瘠。轻感条纹病和赤霉病,适于黄淮南部中等肥力麦田种植。

四、燕麦

(一)植物学特征与生态特性

燕麦,也叫铃铛麦,是重要的谷类作物。燕麦的饲用价值很高,其籽粒蛋白质含量一般为 14%～15%,最高可达 19%;青刈燕麦茎秆柔软,叶片肥厚、细嫩多汁,亩产 3 000～3 500 kg,是畜、禽、鱼喜食的青绿饲料。燕麦在世界栽培面积次于小麦、玉米、水稻和大麦,居第 5 位。我国主要在东北、华北、西北、云贵高原等高寒地区栽培。燕麦作为饲草栽培,其分蘖力极强,再生萌发性好,可多次刈青,收获青绿饲草。

(二)栽培与管理

目前栽培的品种以农家品种居多,混杂退化比较严重,加之燕麦小穗内籽粒发育不均匀,成熟期不一致,使籽粒大小和粒重差异较大。小穗基部的籽粒大而饱满,发芽率高,小穗上部的籽粒小而瘪瘦,发芽率低,所以应注意选种。播种前应进行种子精选,剔除小粒、秕粒、虫粒和杂质,选择粒大、饱满的籽粒做种。

选择晴天,将精选好的种子,摊晒 2～3 d,以提高发芽率,促进苗齐苗壮,培育壮苗夺高产。要施足基肥,每亩用腐熟的农家肥 2 000～3 000 kg、磷肥 20～30 kg 撒施土表,精细整地。春燕麦可在 4 月上旬开始播种,冬燕麦在 10

月上旬至下旬播种。单播行距 15～30 cm,混播行距 30～50 cm。播后镇压 1～2 次。每亩播种量 10～15 kg,收籽粒的可酌减。

燕麦出苗后,根据杂草发生情况,在分蘖前后中耕除草 1 次。由于燕麦生长快,生育期短,所以要及时追肥和灌水。第一次在分蘖期,以氮肥为主,亩施硫酸铵或硝酸铵 7.5～10 kg;第二次在孕穗期,亩施硫酸铵或硝酸铵 5 kg 左右,并搭配少量的磷肥、钾肥。追肥之后相应灌水 1 次。

(三)饲用价值与利用

可在拔节至开花期 2 次刈割做青饲料。第 1 次在株高 50～60 cm 时刈割,留茬 5～6 cm,隔 30～40 d 刈割第 2 次,不留茬。燕麦青贮可在抽穗至蜡熟期收获,如需用带有成熟籽粒的燕麦全株青贮,可在完熟初期收获。燕麦籽粒在蜡熟期收获为宜。

(四)品种介绍

(1)锋利饲用燕麦:植株高大,产量高;出苗快,但苗期的生长速度稍慢于早熟品种。播种后 6～8 周即可放牧或刈割利用;再生力强,但初次收割一定不要超过拔节期;抗病能力强,特别是抗锈病的能力很好;适应性强,适合种植区域非常广泛。在北方地区可作为良好的夏秋季饲料作物,或粮食收获后的复种作物;在南方地区为良好的冬季饲草作物,甚至可以一直延长利用到春季。营养价值高,适口性好。锋利的叶片宽大,茎秆柔软,蛋白质和能量含量高,所以家畜非常喜食。

(2)20-1 号燕麦:该品种生育期 83 d 左右,属早熟类型。抗倒伏性强,适应性广,稳产性好。燕麦区域试验,2 年平均亩产 93.4 kg,比对照晋燕 5 号增产 8.5%。适宜山西省北部燕麦产区的沟湾地、下湿二阴滩地及旱平地种植。

(3)内燕 5 号燕麦:春性燕麦品种。株高 115～125 cm,穗呈周散型,千粒重 20 g 上下,生育期 90 d 左右,分蘖力中等,成穗率高,抗倒伏,抗黄矮病。不仅籽粒富含各种营养物质而且草质亦佳。该品种属于水滩地高产稳产类型,平均亩产 210～380 kg。

五、甘薯

(一)植物学特征与生态特性

甘薯也称红薯,红苕,地瓜,是我国传统的粮食作物,它高产稳产,抗逆性强,省水耐瘠薄,病虫害少,集粮、菜、果功能于一身,在我国食品短缺的时代曾经发挥了重要作用。甘薯是块根作物,具有高产、稳产、适应性广、抗逆性强、营养丰富、用途广泛的特点。不耐寒,在15℃时就停止生长,6℃以下枯萎,16℃时萌发,26～30℃茎叶生长旺盛。

(二)栽培与管理

甘薯块根为无性繁殖营养体,无明显成熟期,一般在气温低于15℃时停止生长,地温降至16～18℃块根停止膨大。适期早栽可延长生育期,块根形成早,既可利用雨季来临前的气温条件,使块根迅速膨大,又能在高温多雨季节,把茎叶形成的光合产物,储存于膨大的块根中,促使地下部和地上部协调生长。根据多年气象资料,定植春薯的时间为5月1日前后,试验表明,4月28日定植比5月10日定植,块根膨大期延长7 d,亩增产10%左右,并且薯块整齐,鲜薯质量高。

为提高秧苗成活率和早发快长,秧苗要选苗床中第一批采栽的壮秧,第一批秧茎秆粗壮,叶片旺盛,根系发达。采栽要经过充分炼苗,一般秧苗栽前在苗床内经过3～5 d的日晒,使秧苗叶子深绿色,叶片变厚,如把秧苗掐掉一节后,断面处有白色乳浆流出。定植这种苗成活率高,生长快,产量高,密度为3 500～4 000棵/亩。不要选未经炼苗的秧、带黑根薯秧、烧芽薯秧。

及时提蔓。进入雨季,甘薯茎叶生长茂盛,节根容易滋生,分散养分,不利于光合产物向块根输送。为防止这种现象,过去多采用翻蔓来降低土壤湿度,提高地温和防止节根发生。据试验,甘薯翻蔓既费工又减产,主要是翻蔓后茎叶损伤严重,打破了叶片接受光能的最佳分布,光合强度降低30%,呼吸强度增加了19%,减产10%左右。生产上翻蔓改为提蔓,避免了茎叶损伤,不破坏叶片的分布,有利于高产。但提蔓不宜过多,一般1～2次即可,时间在8月底前结束。

及时打顶摘心。甘薯打顶摘心,可控制主茎长度和长势,促进侧芽滋生,分枝生长快。具体做法是在甘薯定植后,主茎长度在 12 节时,将主茎顶端生长点摘去,促进分枝发生。待分枝长至 12 节时,再将分枝生长点摘去。这样可有利于协调地上部和地下部的矛盾,有利于块根膨大。

化控抑旺。薯田肥水过猛,特别是氮素过多,常造成茎叶旺长,影响块根的膨大,降低产量。实践证明,薯田喷洒多效唑或缩节胺等植物生长抑制剂,可起到控上促下的作用。一般 7 月初雨季来临前第一次喷施,以后每隔 10～15 d 喷 1 次,连喷 3～4 次。每次亩用多效唑 50～100 g 或缩节胺 7～15 g,兑水 50～75 kg 均匀喷洒。喷洒时根据茎叶长势、雨量大小、品种特性、土壤肥力等灵活采用药品剂量。

巧追水肥。甘薯在施足基肥的基础上,追肥以灌裂缝肥和叶面喷肥为主。追裂缝肥有尿素 4～5 kg,过磷酸钙浸出液 10 kg,硫酸钾 3 kg,兑水 150～200 kg 配成营养液,在田间普遍开始裂缝时,于阴天或晴天的午后进行逐棵顺裂缝浇灌,要求追施均匀。叶面喷肥根据植株长势而定,长势偏弱有早衰迹象的以喷氮为主,配合磷肥、钾肥,用 100 kg 水加 0.5 kg 尿素、0.2 kg 磷酸二氢钾,搅拌均匀喷施。长势偏旺的主要喷磷肥、钾肥,可喷 0.2% 磷酸二氢钾水溶液。8 月下旬可亩用一包甘薯膨大素,加水 20 kg 溶解过滤,然后均匀喷洒植株叶面,连喷 2 次,每次间隔 10 d 左右。如遇秋旱,适时灌水可防早衰,延长叶片功能期,增加块根膨大速度。一般 9 月上旬浇一水,亩增产 24.2%。甘薯喜丰墒,灌水量不宜太大,每亩 40 t 左右。并注意灌水后不要踩踏薯垄,以免影响土壤通透性。

(三)饲用价值与利用

甘薯茎叶柔嫩多汁,适口性好,营养价值高,氨基酸含量较全面,是羊的好饲料,育肥效果好。甘薯茎叶也可以青贮、晒制干饲料。

(四)品种介绍

(1)徐薯 18:是原徐州地区农科所选育而成。薯皮紫色,薯肉白色。耐旱、耐湿性较强,高抗根腐病,较抗茎线虫病和茎腐病,感黑斑病,耐储性好。该品种属兼用型,可做淀粉加工,也可做饲用,是目前生产上的主栽品种。

(2)浙薯 6025:薯块紫红色皮,橘红色肉,薯形纺锤形,表皮较光滑,刚收获时食味较粉,经储藏后,食味软糯甜,两头有少量粗纤维,烘干率 28%～32%,淀粉率 16%～18%。出苗性好,单株结薯一般 5～7 个,地上部呈半直立,长势健旺,中蔓,一次分枝多,叶色深绿。中熟,生长期 120 d 左右。

(3)济薯 18 号:该新品种外观呈长纺锤形,体表光滑,皮肉黑紫,品质较黏、甜、香,亩产可达 2 500 kg 以上,商品率高达 90% 以上。专家认为,该品种极富经济价值。由于其味香甜糯,肉质细腻,且富含硒元素,被专家们定为鲜食保健型品种;因其含有丰富的花青素,又是提取天然色素的理想品种。

(4)商薯 19:淀粉含量稍高于徐薯 18,可达 20%～22%,我国北方区试验表明薯干、淀粉产量均较徐薯 18、选系 77-6 增产 10% 以上,居首位。春薯高产田亩产鲜薯 3 500 kg 以上,亩产淀粉达 700 kg 左右。优点是高产、高抗根腐病、抗茎线虫病、抗旱、耐涝,综合性状优良,蔓较短、萌芽性优。

六、胡萝卜

(一)植物学特征与生态特性

胡萝卜是根菜类蔬菜,肉质根供食用,易储藏,耐运输,是调节淡季上市的重要蔬菜。胡萝卜生长喜凉爽、耐旱、耐热、怕涝,于肥沃松软的沙质土壤种植最佳。

(二)栽培与管理

播前先将种子的刺毛揉搓除掉,然后选晴天晒种 1～2 d。一般在 7 月中旬至 8 月份播种。条播开沟要浅,一般 2～3 cm,播量每亩 0.5～1 kg,播后进行镇压。撒播每亩播量 1.5 kg,可掺草木灰或细土,要有种子重量的 3 倍,混全撒匀,用耙子耧一遍,然后用脚踩一遍再浇水。

及时间苗定苗,一般在 2～3 叶和 3～4 叶时两次间苗,5 叶定苗。苗距:中小型品种 8～11 cm,大型品种 12～15 cm 为宜。胡萝卜幼苗期生长缓慢,杂草危害严重,要及时剔除田间杂草,也可使用除草剂,方法是播种后,每亩用

150 g 氟乐灵加水稀释 200 倍,均匀喷洒于土面,在胡萝卜的整个生长期能有效地控制杂草生长。也可在出苗前亩用 100 g 扑草净,兑水 50~65 kg,均匀喷洒在畦面上,除草效果最佳。

合理浇水追肥。发芽期不能缺水,要保持土壤湿润,过干过湿均不利于种子萌动和出土。胡萝卜破土期结合浇水,亩追腐熟肥 1 000 kg,隔 15 d 后再追第二次肥。叶旺盛生长期,应适当控水,防止徒长。肉质根膨大期是对水分需求最多的时期,应及时满足供水,应小水勤浇。后期应注意控水,以防烂根和刺瘤根。

胡萝卜生育期一般 100~130 d,到 11 月初收获为宜。过晚易冻不耐储藏,过早影响产量。

(三)饲用价值与利用

胡萝卜含有较多的蔗糖和果糖,具甜味,胡萝卜中蛋白质含量也较其他块根多,干物质含量达 13.9%。胡萝卜素尤为丰富,每千克胡萝卜含胡萝卜素 100 mg 以上,少量喂给即可满足各种畜禽对胡萝卜素的需要。它还含有多量的钾盐、磷盐和铁盐等。胡萝卜不仅适口性好,而且消化率高,适量地饲喂各种畜禽,有助于提高日粮的消化性。对鹅的生长发育有利。胡萝卜叶青绿多汁,亦是禽畜好饲料。胡萝卜宜生喂,熟喂破坏胡萝卜素和维生素 C、维生素 E,降低营养价值。胡萝卜块根和叶子,也可切碎和其他饲料如甘薯藤、叶菜类饲料等混合青贮。其青贮料对各种畜禽的适口性都很好,特别适于饲喂种鹅和雏鹅。也是一种重要的维生素补充饲料。

(四)品种介绍

(1)春早红 2 号:该品种皮、肉、芯皆为浓橙红色,色泽美观,品质好。肉质根近似直筒形,下部略偏小,表皮光滑有光泽,便于清洗。播种后 90~100 d 收获,根长 15~18 cm,直径 4 cm 左右。该品种在低温下根部膨大快,生长旺盛,叉根、裂根少,早熟,抗病,耐寒,耐热,抽薹晚,适合春季反季节栽培。

(2)红芯四号:北京市农林科学院蔬菜研究中心培育的杂交种。其地上部分长势较旺,叶色浓绿。生育期 100~105 d,冬性强,不易抽薹。肉质根尾部钝圆,外表光滑,皮、肉、芯鲜红色,形成层不明显。肉质根长 18～20 cm,径粗 5 cm。单根质量 200～220 g。耐低温,低温下根部膨大快,抗逆性强。亩产 4 000 kg 左右。华北地区春播一般在 3 月下旬至 4 月初进行,大棚保护地可在 2 月下旬至 3 月上中旬播种,其他地区春播可参照当地气温适期播种。

七、优质牧草——菊苣

菊苣原产于欧洲,广泛用作蔬菜、饲料和制糖原料,20 世纪 80 年代我国引进饲用菊苣品种,由于它品质优良,饲用价值高,全国许多地区广泛地种植,成为最有发展前途的饲料和经济作物品种,深受农牧民的喜爱。

(一)植物学特征与生态特性

菊苣为菊科菊苣属多年生草本植物,叶期高度 70～80 cm,抽茎开花期高 170 cm 以上,叶片 25～38 片,长 30～46 cm,宽 8～12 cm;茎直立,茎生叶渐小,折断后有白色乳汁,花冠全部舌状,蓝色,边开花边结籽,种子千粒重 0.96～1.2 g。

菊苣的分部范围极广,我国东北、西北、华北、西南及长江中下游地区均可生长,既耐南方的夏季高温又耐北方的冬季严寒。主根明显、肉质、粗壮、入土深,侧根发达,因而抗旱性也极强。菊苣适合多种土壤类型,对土质要求不严。但以在温暖的气候下,排水良好的沙壤土中生长最好,对水肥条件敏感,当水肥条件好时能极大地提高产量。

菊苣生长当年抽茎较少,大部分处于莲座叶丛期,第二年全部植株均能正常开花结籽,两年以上植株的根茎不断产生新的萌芽,这些新枝芽生根、成苗,逐渐取代老植株,成为独立的新植株。春季返青早、冬季休眠晚,利用期长达 8 个月之久,可解决养殖业春秋两头和伏天青饲料紧缺的矛盾,当管理条件好时,一次种植可连续利用 15 年。

(二)栽培与管理

菊苣在我国东北及其他高纬度地区可春、夏播种,在华北、中原、西北部分地区、西南及长江中下游地区可春、秋播种。可以单播,也可以与禾本科或豆科牧草混播,因菊苣种子细小,播前整地需精细,每亩施农家肥 3 000 kg。条播、点播、散播、育苗移栽都可。单播用种量 250 g/亩,播种时最好能与土等物混合撒种,以达到苗匀、苗全的目的,条播行距 30～40 cm,播种深度为 1～1.5 cm,播后镇压保墒。

菊苣苗期及返青后易受杂草侵害,应加强杂草防除。菊苣生长旺季需水、需肥量大,要想获得高产,除播前施农家肥外,春季返青、早秋及每次刈割后,每亩应追施 4～8 kg 氮肥,同时适当浇灌。如与豆科牧草混播时,可相应减少氮肥用量。

菊苣的抗病虫害能力强,但在低洼易涝地易发生烂根,只要及时排除积水即可预防。

(三)饲用价值与利用

菊苣富含粗蛋白质,茎叶柔嫩,叶片有微量奶汁。菊苣叶丛期含干物质 8%～14%,初花期茎叶含干物质 15%～16%。干物质中粗蛋白质为 15%～32%、粗脂肪 13%～43.5%、粗灰分 16%、无氮浸出物 28%～36%、钙 1.5% 左右、磷 0.24%～0.5%,各种氨基酸及微量元素也很丰富。植株 40 cm 高时即可刈割,留茬 2～3 cm,再生能力强,每年可割 4～6 次,在菊苣的生长旺季每 25～30 d 即可割 1 次,亩产鲜草 10 000 kg 以上。可鲜喂、青贮或制成干粉。

莲座叶丛期,最适宜喂鸡、鹅、猪、兔等,直接饲喂;抽茎开花阶段,宜牛、羊利用,青饲和放牧均可,放牧以轮牧最佳;抽茎期也可刈割制作青贮料,作为奶牛良好的冬季青饲料。菊苣饲喂鸡、鹅、猪,抽茎初期就要及时刈割。

八、饲、粮、菜兼用高产牧草——籽粒苋

(一)植物学特征与生态特性

籽粒苋,又名千穗谷,是苋科苋属一年生优质牧草,是一种粮、饲、菜和观赏兼用、营养丰富的高产作物。株高 250～350 cm,茎秆直立,粗 3～5 cm,单叶,互生,倒卵形或卵状椭圆形。主根不发达,侧根发达,根系庞大,多集中于 10～30 cm 的土层内。

籽粒苋为 C_4 植物，与 CO_2 亲和力高，具有磷酸烯醇式丙酮酸羧化酶系统，光合作用速率较高。所以，生物产量大，干物质含量高。分枝再生能力强，适于多次刈割，刈割后由腋芽萌发出新生枝条，迅速生长并再次开花结果。

籽粒苋是喜温作物，生长期 4 个多月，但在温带、寒温带气候条件下也能良好生长。对土壤要求不严，最适宜于半干旱、半湿润地区，但在酸性土壤、重盐碱土壤、贫瘠的风沙土壤以及通气不良的黏质土壤上也可生长。抗旱性强，据测定，其需水量相当于小麦的 41.8%～46.8%，相当于玉米的 51.4%～61.7%，因而是西北黄土高原、半干旱、半湿润地区沙地上的理想旱作饲料作物资源。也是滨海平原及内陆次生盐渍化地区优良的饲料作物。

(二)栽培与管理

籽粒苋种子细小，需精细整地。初次播种时应秋季深耕，耕翻深度为20～30 cm。春季整地时要施足基肥，一般应施入腐熟的有机厩肥 2 000～3 000 kg/亩。

籽粒苋对播种时间要求不严，春、夏、秋均可播种。北方地区春播在 4 月上旬到 5 月下旬，夏播可在 6 月上、中旬，南方 3～10 月份均可播种。播种量0.4～0.5 kg/亩，播种多采用条播，株行距 30 cm×10 cm，播种深度 1～2 cm，播种后镇压，也可育苗移栽，留苗 2 万株/亩。地面平均温度达18～24℃时种子即可萌发，在苗高 8～10 cm(二叶期)时开始间苗，10～15 cm 高(四叶期)时定苗，苗期中耕1～2 次，若春旱严重，应适当沟灌保苗，现蕾期灌水一次可增产 12% 以上。每次刈割后追施化肥有显著的增产效果，尿素追施量为40 kg/亩。

(三)饲用价值与利用

籽粒苋叶片柔软，气味纯正，各种家畜均喜采食。

据测定，籽粒苋新鲜茎叶具有较高的营养价值，苗期叶片蛋白质含量高达21.8%、赖氨酸为 0.74%；成熟期的叶片蛋白质含量仍可达 18.8%。整株植物的粗蛋白质、粗脂肪、赖氨酸和维生素的含量均较高。

籽粒具有比茎叶更高的蛋白质、脂肪、维生素、氨基酸和矿物质含量，营养价值也超过大米、小麦和玉米等作物的籽粒。

当株高 60～80 cm 时开始刈割利用，留茬高度为 20 cm，每隔 20～30 d 刈割 1 次，每年可刈割 4～5 次，年产鲜草可达 5 600～10 000 kg/亩。可青饲、青贮，也可打浆、发酵、煮熟后饲喂畜禽。青贮时，可单贮或与豆科牧草、青刈玉米混合青贮。收种后的秸秆和残叶可用于放牧，也可制成干草粉。

九、苦荬菜

(一)植物学特征与生态特性

苦荬菜又名苦麻菜、鹅菜、山莴苣，为菊科莴苣属一年生或越年生草本植物，无毛，茎直立，株高 1～3 m，全株含白色乳汁，多分枝，叶片披针形或倒卵圆形，长 30～50 cm，宽 2～8 cm，常带紫红色。苦荬菜适应性广，对土壤要求不严，在温带、亚热带的气候条件下均可生长。苦荬菜的再生能力比较强，只要不损伤根茎部的芽点，刈割或放牧多次，并不影响其再生草的生长。但对水肥条件要求很高，怕旱又怕涝。

苦荬菜喜温暖湿润气候，既耐寒又耐热。北方一般早春解冻即可播种，可一直生长到降霜为止。轻霜对它危害不大，成株能耐 −4～−3℃ 的低温。夏季高温，只要保证水肥供应，生长仍十分旺盛，产量极高。

(二)栽培与管理

苦荬菜适应性较强，但要保持高产必须播种前精细整地，并保持土壤墒情，常采用条播方式，行距 30～40 cm，播种量 0.4～0.8 kg/亩，播种深度 2～3 cm，适当镇压，以利出苗。耐水淹，在我国南方酸性土壤上生长发育良好。抗病能力强，不耐盐，不耐碱，耐干旱能力差，不耐瘠薄。适宜 pH 6.5～7.5、排水良好、富含钙质的土壤生长。

苦荬菜由于生长快，再生力强，刈割次数多，产量高，所以需肥量大。对氮、磷、钾的要求都很迫切。施足氮肥能够加速生长，促进枝多叶大，有利于提高产量和品质。氮肥过多，磷肥、钾肥不足时生长缓慢，延迟成熟，还容易引起倒伏，施用有机肥作基肥才能获得高产。

苦荬菜宜密植，条播时通常不间苗，2～3 株 1 丛也生长良好，但植株过密时也影响生长,可按 4～6 cm 株距定苗。也不可过稀,否则不但影响产量,还会茎秆粗硬,品质较劣。

直播的苗高 4～6 cm 时就要中耕除草,以后每刈割一次都要进行中耕、追肥和灌水 1 次。

苦荬菜的病虫害少,有时有蚜虫为害。发生时可用 40% 的乐果,稀释 1 000～2 000 倍喷杀。

(三)饲用价值与利用

苦荬菜在开花前,叶茎嫩绿多汁,适口性好,各种家畜均喜采食,尤以猪、鸡、鸭、鹅、兔、山羊最喜食,是一种优等青绿饲草。苦荬菜的能量价值比较高,尤其喂猪、羊价值最高。苦荬菜适于放牧,也可刈割,但用作青绿饲草最为适宜。放牧以叶丛期或分枝之前为最好;刈割饲喂以现蕾之前最为适宜。

十、串叶松香草

(一)植物学特征与生态特性

串叶松香草也叫菊花草,菊科松香草属,多年生草本植物,原产于北美中部潮湿的高草原地带。株高 2～4 m,主根粗壮,有多节的水平根茎,播种当年仅形成莲座状叶丛,第二年形成丛生、起立的茎。叶长约 40 cm,宽约 20 cm,叶面皱缩,叶缘有缺刻。基生叶有柄,茎生叶无柄。

串叶松香草冬性好,适应性广,耐高温,在 −38℃ 低温下可以安全过冬,在月均温 32.4℃ 下可以安全生长。喜水肥,亩产鲜草 10 000 kg 左右。主要适于饲喂猪、牛、羊、兔等家畜。

串叶松香草花期长,也是优质蜜源植物。

(二)栽培与管理

选择肥沃、无盐碱、有灌溉条件的土地种植,播前深翻整地,施足基肥。最好用三叶草根瘤菌拌种。可春播或秋播,播后 10～15 d 出苗,在北方宜冬季寄籽,春播和夏播;南方对播期要求不严,以秋播为主,但不可太晚。

串叶松香草条播每亩播量 0.4～0.5 kg,覆土 1～2 cm。苗期生长慢,应注意中耕除草。每次刈割后应追施速效氮肥 10～15 kg/亩。

(三)饲用价值与利用

串叶松香草幼嫩时质脆多汁,有松香味,营养丰富而全面,粗蛋白质含量 18％～23.4％,氨基酸含量高而丰富,无氮浸出物 46.7％,消化率高,适口性好,适宜青饲和青贮。

串叶松香草在北方可刈割 2～3 次,在南方可刈割 4～5 次。喂猪时最好进行打浆。

第四节　如何选种牧草

近几年,随着畜禽养殖业的不断发展、畜牧业结构调整和国家退耕还林还草政策的实施,牧草种植业蓬勃兴起,种草养畜对于农户来说,既改善了畜禽日粮结构、节省饲粮,又将种植业、养殖业结合在一起,提高了土地的经济利用率,并取得了良好的效益。有些牧草供种者通过广告媒体片面夸大某些牧草的优良特性,将其说得完美无缺,诸如某种牧草适应性强,全国各地均可种植,产量高,营养丰富,蛋白质含量高,适口性好,各种畜禽都喜食,易栽培管理,无病虫害等,使引种者眼花缭乱,不知选择哪种牧草种植好。但也有部分农户人云亦云,盲目引种一些生物学特性和生长习性与本地环境相悖、与饲养畜种食性相异的牧草品种,其结果畜禽不爱吃,生产性能未能得到提高,种草未达到目的,经济效益不高。其实,各种牧草都有其优缺点,因此,笔者认为,种植牧草应从以下几个方面考虑。

一、根据饲养畜禽品种选择牧草

牧草的品质主要是指其蛋白质含量与可消化率,饲养对象不同,对牧草的利用也不同,因此,种草养牛、羊可选择墨西哥玉米、苇状羊茅、饲用玉米、苏丹草、杂交苏丹草、黑麦草、冬牧 70 黑麦草、紫花苜蓿、三叶草等,这些牧草粗纤维含量较高,产量高,营养价值也高,既可以青饲又适宜青贮或调制干草;种草养猪、鸡可选择菊苣、籽粒苋、苦荬菜、串叶松香草等,这些牧草粗纤维含量较低,产量高,含水量高,以鲜喂为主;种草养鹅可选择黑麦草、菊苣、籽粒苋、苦荬菜、苇状羊茅等牧草,因鹅耐粗饲;苏丹草、杂交苏丹草、黑麦草是养鱼最适宜的牧草。

二、根据当地环境条件选择的牧草

沙质土壤比较适合种植根系大而深的、不耐水淹的、多年生豆科牧草,如紫花苜蓿等;重壤土、黏壤土可种植浅根性牧草,如禾本科牧草和莎科牧草等;黑麦草、白三叶喜温暖、湿润条件种植。

紫花苜蓿具有固氮特性,可以培肥地力,它庞大的多年生根系还可固定土壤,防止水土流失,保护生态环境,是适合于干旱贫瘠地区种植的优良牧草品种,但它不耐湿热,怕积水;一年生黑麦草品质好,在长江流域及以南地区种植生长迅速,但在北方地区种植生长不良;串叶松香草喜水肥,耐酸性强,在各种红壤、黄壤和白浆土上都生长良好,但在盐碱性土壤和贫瘠的土壤种植效果差。大多数牧草喜光而不耐阴,如黄花苜蓿、沙打旺等,若光照不足,产量会受到极大影响,这些牧草应种在向阳的坡地;有些牧草喜光又耐阴,如紫花苜蓿、白三叶、鸭茅等,当光照不足时仍能有较高产量;还有一小部分牧草不能在强光下生长,需要遮阴,如牛皮菜等。

我们可以充分利用这些特点,把牧草与果树、农作物通过间混套种的形式,实行草林、草农结合,充分利用有限的土地资源提高复种指数,最大限度地提高经济效益。

三、根据利用方式选择牧草

生产上,如果以刈割青鲜饲草利用为目的,应以品种的丰产性,也就是牧草的生物产量高低作为选择重点来考虑。如菊苣、籽粒苋、紫花苜蓿、杂交苏丹草、串叶松香草、墨西哥玉米等,这些牧草一般亩产鲜草 4 000 kg 以上,高的甚至上万千克。如果作为人工草场来放牧,选择品种时除了考虑丰产性能外,要重点考虑再生能力强、密度大的品种,如三叶草、多年生黑麦草、鸭茅等,这些牧草的生物产量季节性变化较平稳,而且耐践踏,有较好的再生性。如果作为调制干草或青贮,除了考虑丰产,还需要考虑牧草的含水量,如紫花苜蓿、杂交苏丹草、三叶草、苇状羊茅、鸭茅等,这些牧草含水量低于叶菜类牧草。

特别需要提醒牧草种植者注意的是,牧草种类较多,不要轻信广告宣传,最好先到科研部门咨询或实地考察、小面积试种后,选择适合的牧草品种规模发展,确保成功,提高效益。千万不要去买新、奇、特种子,因为这些种子没有经过实践检验,盲目购买后会极大地增加生产风险。

第五节　种草养畜应注意的问题

本书以安徽省为例,介绍种草养畜应注意的问题。在安徽省实施农业和农村经济结构战略性调整,加快发展畜牧业的背景下,抓住目前种草养畜效益好的机遇,积极引导农民种草,加快发展草食畜牧业,增加农民收入。随着其畜牧业生产的进一步发展,种草养畜的热潮正在兴起,但许多牧草种植者由于缺乏必要的专业知识,在种草方面盲目性很大,容易走入误区,达不到种草养畜的目的,经济效益不高。因此,发展种草养畜应注意以下问题。

一、选择适宜该省种植的牧草

安徽省位于我国的东南部,长江、淮河横贯其中,天然地将其分为淮北、江淮之间和江南3个地区。根据该省的气候、土壤特点和牧草的生态特性,可将其分为3个牧草栽培区域:淮北地区气候比较干燥少雨,适宜种多年生牧草,一次播种多年利用,适宜的牧草品种有紫花苜蓿、鸭茅、苇状羊茅、串叶松香草、菊苣等,另外还可种植白三叶,特别是在果园。也可种植苦荬菜、杂交苏丹草、一年生黑麦草及冬牧70黑麦。江淮之间,特别是江淮分水岭地区,属丘陵地区,土质差、水资源缺乏,多为低产田,能种植的优质牧草较少,但草食动物,如羊、鹅等数量又较多,对饲草的需求量大,因此,对土壤进行改良后可种植耐贫瘠、耐旱、覆盖性好的牧草。适宜的牧草品种有紫花苜蓿、白三叶、红三叶、苇状羊茅、一年生黑麦草、冬牧 70 黑麦等，要逐步建立人工或半人工优质牧草草场。沿江水源较好的地区也可以种植菊苣、串叶松香草、籽粒苋、苦荬菜等。江南地区自然条件优越，耕地少，坡地多，适宜种植的牧草品种有白三叶、红三叶、苇状羊茅、一年生黑麦草、杂交狼尾草、菊苣等优质牧草，以解决绿化和冬春季青绿饲料。

总之，适合安徽省种植的牧草品种有紫花苜蓿、白三叶、红三叶、一年生黑麦草、冬牧 70 黑麦、菊苣、籽粒苋、苦荬菜、杂交苏丹草等。辅助品种有苇状羊茅、鸭茅、牛皮菜、串叶松香草、杂交狼尾草等。

二、各种牧草适宜饲养的畜禽

紫花苜蓿、白三叶、红三叶适合于各种畜、禽、鱼，也可制作草粉做配合饲料；杂交苏丹草、苇状羊茅、杂交狼尾草、鸭茅，适合于各种畜、禽、鱼，尤其适合于草食家畜及鱼；一年生黑麦草、冬牧 70 黑麦，适合于各种畜、禽、鱼，尤其适合于牛、羊、鹅、兔、鱼等；菊苣、籽粒苋、苦荬菜、牛皮菜，适合于各种畜、禽、鱼，尤其适合于猪、鹅、奶牛等。

三、各种牧草的饲用价值

各种牧草营养价值根据收割利用期不同，营养成分变化很大，豆科牧草如紫花苜蓿、白三叶、红三叶等，在中等现蕾期收割，消化干物质及粗蛋白质产量均较高，且对植株寿命无不良影响；禾本科牧草如一年生黑麦草、冬牧 70 黑麦、苇状羊茅、鸭茅等，早期收割的黑麦草，叶多茎少，质地柔嫩，营养价值较高；叶菜类饲料作物如菊苣、籽粒苋、苦荬菜、牛皮菜等，鲜草中粗蛋白质含量高，营养丰富，粗纤维含量低，消化利用率高。

四、草种质量及价格

在购买牧草种子时，一定要到正规单位，并且要检查牧草种子的品质，首先从感官上观察种子的纯净度，主要检查种子中无胚、破损、小粒、霉烂、瘦粒、受虫害的无价值种子及非本牧草品种的其他种子、土块、沙石等；观察牧草种子的整齐度和色泽,主要检查种子的大小、饱满程度、新鲜程度;再就是发芽率。优良的牧草种子纯净度高,符合本品种特征,整齐一致,发芽率高,一般种子发芽率不低于85%。几年的陈种子发芽率会大幅度下降,还有低于85%的种子,建议种草者不要购买。

根据我国的国情,每亩每年种草总投入不应超过400元。不必购买太贵的牧草种子,一般说来牧草种子每亩投入在100元以内,同时购买草种时要合理搭配,不要单打一。

第六节 牧草的加工调制

一、青干草调制技术

(一)调制干草要求

(1)适时收割 ,使牧草价值较高。

(2)减少因牧草移动运输引起损失,做到叶片、嫩枝尽量少抛失。

(3)选择晴天,快速干燥。低于20%水分即可储存,干草折而不断,堆而不折。使其微生物停止生命活动。

(4)减少雨淋或露水返潮,以减少营养损失。

(5)缩短晒制的干燥时间,减少维生素损失。

(6)保持适当干燥度,储存青干草水分含量在15%~17%最佳。

(二)青干草干燥法

(1)草架干燥法。适于多雨地区,刈割后打捆晾晒,使草根向上,草头向下,草层厚20~80 cm。草架人梯形或三脚架,用竹木或钢管焊接均可。农户用树干、墙头晾晒也可。

(2)地面干燥法。选晴天进行,方法是刈割—铺晒—翻晒,等水分减至40%~50%时,堆成小堆,晒至30%水分,运至储草场或草棚、草房堆放,让风力减少水分至20%左右即可。

(三)干草储存

做到防火、防霉变。

(1)草棚(草房)储存。注意通风,防雨,防潮。

(2)露天堆存。要求干草水分在18%左右,20～50 kg打1个草捆,垛形状应是屋脊状或圆锥状,顶部盖麦秸,草泥封实。

(3)草捆储存。最先进的干草储存方式,发达国家基本都采用此种方法。但投资较大。

(四)干草品质鉴定

在生产应用上,通常根据干草的外观特征,评定干草的饲用价值。

二、植物学组成的分析

植物学组成,一般分为豆科、禾本科、其他可食草、不可食草和有毒植物5类。野干草中凡豆科草所占比例大的,属于成分优良;禾本科草和其他可食草比例大的,属成分中等;含不可食草多的,属劣等干草;有毒有害植物在干草中如超过一定限度则不宜作为饲料利用。豆科牧草的比例超过5%为优等,禾本科及杂草占80%以上为中等,有毒杂草含量在10%以上为劣等。

三、干草的颜色及气味

干草的颜色和气味是干草调制好坏的最明显标志。胡萝卜素是鲜草各类营养物质中最难保存的一种成分。干草的绿色程度愈高,不仅表示干草的胡萝卜素含量高,而且其他成分的保存也愈多。按干草的颜色,可分为以下4类。

(1)鲜绿色。表示青草刈割适时,调制过程未遭雨淋和阳光暴晒,储藏过程未遇高温发酵,能较好地保存青草中的养分,属优良干草。

(2)淡绿色(或灰绿色)。表示干草的晒制与储藏基本合理,未受到雨淋发霉,营养物质无重大损失,属良好干草。

(3)黄褐色。表示青草收割过晚,晒制过程中虽受雨淋,储藏期内曾经过高温发酵,营养成分损失严重,但尚未失去饲用价值,属次等干草。

(4)暗褐色。表明干草的调制与保藏不合理,不仅受到雨淋,而且已发霉变质,不宜再做饲用。

干草的芳香气味,是在干草保藏过程中产生的,田间刚晒制或人工干燥的干草并无香味,只是经过堆积发酵后才产生此种气味,这可作为干草是否合理保藏的标志。

第七节　牧草青贮

一、牧草青贮的意义

(1)青贮提高了饲用价值。牧草和其他青绿饲料,收获后水分高、维生素含量高,适口性好,易被消化,是各种家畜的好饲料。但不易保存,容易腐烂变质。青贮后,保持青绿饲料的鲜嫩、青绿、营养物质也不会减少,而且有一种芳香酸味,刺激家畜的食欲,增加食量,对牲畜的生长发育有良好的促进作用。

(2)青贮扩大了饲料来源。青贮料除大量的玉米、甘薯外,青贮牧草、蔬菜、树叶及一些农副产品。经过青贮后,可以去异味,去毒素。

(3)青贮可以平衡淡旺季和丰歉年的余缺。我国北方淡旺季饲料生产明显,旺季时,吃不完,饲草饲料霉烂;淡季时,缺少青绿饲料。青贮可以做到常年均衡供应不间断,有利于提高家畜的生产能力,保证家畜健康成长。

(4)青贮是一种经济实惠的保存青绿饲料的方法。青贮可以使单位面积收获的总养分保存达最高值,浪费少,便于实现机械化作业收割、运输。饲喂时,也可以使用机械,减轻劳动强度,提高工作效率,降低饲料成本。

(5)青贮可以防治病虫害。牧草的一些病虫害,通过青贮,可以杀死虫卵病原菌,减少植物病虫害的发生与蔓延。

二、青贮饲料的原理

青贮饲料是一个复杂的微生物活动和生物化学变化过程。青贮发酵过程中,参与活动和作用的微生物很多,但以乳酸菌为主。青贮的成败主要取决于乳酸发酵过程。刚收的牧草带有各种细菌,也包含乳酸菌,当青贮原料铡碎入窖后,植物细胞继续呼吸,有机物进行氧化分解,产生二氧化碳、水和热量,由于在密闭的环境内空气逐渐减少,一些好气性微生物逐渐死亡,而乳酸菌在厌氧环境下迅速繁殖扩大,将青贮牧草原料中的可溶性碳水化合物,主要为蔗糖、葡萄糖和果糖转化为乳酸为主的有机酸,在青贮料中积聚起来,当有机酸积累到 $0.65\%\sim1.3\%$ 时,pH 降到 4.2 以下时,绝大多数有害微生物的活动受到抑制,霉菌也因厌氧而不再活动,随着酸度的增加,最终乳酸菌本身也受到抑制而停止活动,使青贮料得以长期保存。

三、青贮的技术环节

(1)根据牧草茎秆柔软程度,决定切碎长度。禾本科牧草及一些豆科牧草(苜蓿、三叶草等)茎秆柔软,切碎长度应为 $3\sim4$ cm。沙打旺、红豆草等茎秆较粗硬的牧草,切碎长度应为 $1\sim2$ cm。

(2)豆科牧草不宜单独青贮。豆科牧草蛋白质含量较高而糖分含量较低,满足不了乳酸菌对糖分的需要,单独青贮时容易腐烂变质。为了增加糖分含量,可采用与禾本科牧草或饲料作物混合青贮。

(3)禾本科牧草与豆科牧草混合青贮。禾本科牧草有些水分含量偏低(如披碱草、老芒草)而糖分含量稍高;而豆科牧草水分含量较高(如苜蓿、三叶草),二者进行混合青贮,优劣可以互补,营养又能平衡。所以在建立人工草地时,就应考虑种植混播牧草,便于收割和青贮。

(4)原料的选择。作为青贮饲料的原料,首先是无毒、无害、无异味,可以做饲料的青绿植物。其次是青贮原料必须含有一定的糖分和水分。青贮原料中的含糖量至少应占鲜重的 $1\%\sim1.5\%$。根据含糖量的高低,可将青贮原料分为 3 类。

第一类:易青贮的原料。在青绿植物中糖分含量较高的,如玉米、甜高粱、甘薯藤、芜菁(灰萝卜)、甘蓝、甜菜叶、向日葵等以及禾本科牧草及野生植物如狗尾草等。这类原料中含有较丰富的糖分,在青贮时不需添加其他含糖量高的物质。

第二类:不易青贮的原料。这类原料含糖分较低,但饲料品质和营养价值较高,如紫花苜蓿、草木樨、三叶草、饲用大豆等豆科植物。这类原料多为优质饲料,应与第一类含糖量高的原料如玉米、甜高粱混合青贮,或添加制糖副产物如鲜甜菜渣、糖蜜等。

第三类:不能单独青贮的原料。这类原料不仅含糖量低,而且营养成分含量不高,适口性差,必须添加含糖量高的原料,才能调制出中等质量的青贮饲料。这类原料有南瓜蔓和西瓜蔓等。

青贮原料的含水量多少,也是影响乳酸菌繁殖快慢的重要因素。如水分不足,青贮时原料不能踩紧压实,窖内残留空气较多,为好气性细菌繁殖创造了条件引起饲料发霉腐烂。但水分过多,植物细菌液被挤压流失,使养分损失,影响青贮饲料的质量。

一般青贮原料的适宜含水量为 65%~75%。青贮原料如果含水量过高,可在收割后在田间晾晒 1~2 d,以降低含水量。如果遇阴雨天不能晾晒时,可以添加一些秸秆粉或糠麸类饲料,以降低含水量。

青贮原料如果含水量不足,可以添加清水。要根据原料的实际含水多少,计算应加水的数量。为便于在生产应用中操作,常用原料含水量及加水量计算结果见表 5-1。

表 5-1　常用加水量计算表

原料		每 100 kg 原料	调整后的含水量/%
实际含水量/%	干物质/kg	加水量/kg	
65	35	20	70.8
60	40	30	67.2
55	45	40	67.9
50	50	50	66.7
45	55	60	65.8

注:调整后的含水量要求为 65%~75%。

四、青贮操作技术

青贮的发酵过程,大致可分为 3 个阶段:第一阶段是从原料装入窖内,到原料呼吸作用停止。当窖内变为厌气状态时止,这个阶段是由窖内氧气残存量和密封程度所决定的,其时间越短越好。因为在这个阶段中,原料的呼吸作用和好气性细菌的活动将可溶性糖类分解成二氧化碳和水,并产生热量,蛋白质被分解成氨基酸。第二阶段是乳酸菌增殖,乳酸大量生成。当乳酸量达到原料的 1%~1.5%,pH 为 4.2 以下时,便进入第三阶段。在这一阶段,青贮窖内蛋白质分解和一般细菌减弱直至停止活动,各种变化基本上处于稳定状态。在一般情况下,装料后 20 d 左右,即可达到这个程度。如果密封等条件好,这种稳定状态就能长期继续保持下去。

为了保证青贮质量,在调制时应注意掌握以下方法。

(一)精心调制贮料

1.尽量排气,合理控温

调制青贮料必须将青贮原料铡碎均匀,长短2~3 cm,然后才能青贮。青贮量必须注意边切边贮,一层一层地装填,并踩紧压实。一般装填 33 cm 左右,即踩紧一次。踩时,由四周依次踩到中心,长窖可用石碌来回滚压,将青贮料压紧,使其中的空气尽量排出,以利于乳酸菌的繁殖。要注意压实边角部分。如果踩踏不紧,使空气过多,有害微生物就容易繁殖生长,从而引起霉烂。贮料踩压得紧,由于窖内氧气含量少,发酵的速度也就比较慢,青贮时的温度即可以保持在 25~30℃。如果踩压不紧,其中含氧过多,温度则可以达到50~60℃。这样会迅速地降低青贮料的营养价值,其中的含氮物质、糖、淀粉和维生素便大部分丧失了。如甘薯藤、蚕豆苗或蔬菜脚叶等,用来青贮可以采取随切随装,踩紧压实,迅速地将空气排出。如果青贮原料水分过多,须晾晒一两天,使其失去一部分水分,便于踩实排气后再青贮。这样做,可以大大提高青贮料的品质。

有 3~4 片叶子枯黄的收获玉米后的玉米秆,可切碎成寸段,加水 5%~

10％,充分拌匀后再青贮,禾本科植物虽然含有多量的淀粉,但必须切得很短才能青贮。其主要原因是这种植物有紧密的细胞壁组织。如果切得过长,其细胞液分泌缓慢,就会妨碍它的发酵过程。

2.给豆科牧草贮料添加糖分

如果用豆科牧草青贮,可以在开花盛期进行,但必须将它切碎,与禾本科牧草混合青贮,或加入 10％～20％ 的米糠混合青贮,可以得到品质良好的青贮料。

3.合理控制含水量

青贮料要有适当的含水量,一般以 65％～75％ 为宜。如果湿度超过这一含水程度,青贮料酸化过程的效率就会降低,乳酸积聚缓慢,会使有害物质酪酸得以发展,使青贮料变坏。如果湿度不足,则不能迅速地排出青贮料中的空气,就会引起青贮料发热,使温度增高或微生物受到损失。因此,若是水分过多,就应在青贮时进行短时间的晾晒,或混合米糠等进行混合青贮;若是水分过少,则应适当喷水,以提高青贮饲料的品质。

为了便于掌握青贮料的含水量,在生产上可以取一小束青饲料用手拧绞,如果有小滴液出现,那么含水量在 75％ 以上;如果拧绞处没有潮湿的迹象,那么含水量在 65％ 以下;如果拧绞时稍微出现潮湿,那么含水量在 65％～75％ 的适宜范围内。用这种简易方法鉴定含水量的多少,具有一定的实际使用价值。

(二)严密封窖

青贮原料按逐层铺放、踩紧、压实的方法装填完毕后,即要及时封窖。只有使青贮窖处于密封的状态,才能使青贮调制成功。封窖的操作过程如下。

1.盖膜抹泥

在原料上覆盖塑料薄膜,在塑料薄膜上涂上厚 10～15 cm 的稀泥封严青贮料。这样便可隔绝空气的进入,使青贮料发酵完善,保存的时间也较长,并可以大大提高青贮料的品质。将来开窖时,塑料薄膜上的稀泥,只是稍干一些,但仍然完好如初。潮湿松软的泥层,可以阻挡泥沙落入青贮料内。

2.封土夯紧

在稀泥层上面覆盖泥土,并且做到边填土边夯紧,务使严实。封土从窖内边缘外围 33~67 cm(1~2 尺)的地方开始堆积,形成圆锥形。长方形青贮窖的封土,应该两侧倾斜,使其呈屋脊状。

3.挖沟搭棚

沿封土四周挖好排水沟,并在青贮窖上面搭盖草棚,以防雨水侵入。

4.及时补缝

封窖后 5~7 d,青贮料即可完成发酵过程,窖内饲料体积缩小,封土层下沉,出现裂缝现象。这就应及时填土,补好缝隙,以利于青贮饲料保存。土窖青贮饲料,如果管理良好,做到不透气,不浸水,可以保存一两年不变质,照常可以用来饲养家畜。

五、青贮设施

一般小规模饲养户采用长方形窖,用砖、石、水泥建造,窖壁用水泥挂面,以减少青贮饲料水分被窖壁吸收。窖底只用砖铺地面,不抹水泥,以便使多余水分渗漏。宽 1.5~3 m,深 2.5~4 m,长度根据需要而定。长度超过 5 m 以上时,每隔 4 m 砌一横墙,以加固窖壁,防止砖、石倒塌。国外小型饲养场,采用质地较好的塑料薄膜袋,装填青贮饲料,袋口扎紧,堆放在畜舍内,使用很方便。袋宽 50 cm,长 80~120 cm,每袋装 40~50 kg。但因塑料袋贮量小,成本高,易受鼠害,故应用较少。

大规模饲养场采用青贮壕,此类建筑最好选择在地方宽敞、地势高燥或有斜坡的地方,开口在低处,以便夏季排除雨水。青贮壕一般宽 4~6 m,深 5~7 m,地上至少 2~3 m,长 20~40 m。必须用砖、石、水泥建筑永久窖。青贮壕是三面砌墙,地势低的一端敞开,以便车辆运取饲料。

第八节 农作物秸秆的加工利用

目前,作物秸秆的加工利用多采用青贮、黄贮和微贮技术。主要采用物理法、化学法和生物处理法。

一、物理法

秸秆揉搓加工、秸秆饲料压块是近几年发展起来的新方法。这些方法能提高农作物秸秆的适口性,增加采食量,提高消化率,但不能改变农作物秸秆的组织结构,无法提高其营养价值。

二、化学法

化学法包括酸处理、碱处理、氧化剂处理、氨化等方法,酸、碱处理研究得较早,因其用量较大,需用大量水冲洗,容易造成环境污染,生产中并不广泛应用。

目前用的主要是氨化,秸秆的主要成分是纤维素、半纤维素和木质素,纤维素和半纤维素可以被草食家畜消化利用,木质素则基本不能利用,秸秆中的纤维素和半纤维素有一部分同不能消化的木质素紧密地结合在一起,不能被家畜消化吸收,氨化的作用就在于切断这种联系,把秸秆中的这部分营养释放出来。氨化后秸秆的利用率可提高 20% 左右,氨化后秸秆的适口性提高,家畜采食量也相应提高 20% 左右。氨化还可以使秸秆的粗蛋白质含量提高 1~2 倍,营养价值相应提高 1 倍以上,1 kg 氨化秸秆相当于 0.4~0.5 kg 燕麦的营养价值。

氨化操作方法:先将秸秆切至 2 cm 左右,每 100 kg 秸秆(干物质)加入 5 kg 含氮量 46% 的尿素,先把尿素放入 50 kg 水中溶解,然后均匀喷洒在秸秆上,边装窖,边压实,装满后用塑料膜盖严,用土密封。加热使窖或池内湿度达到 40℃以上,7 d 后起窖放氨后即可饲喂。

三、生物处理法

利用某些特定微生物及其分泌物处理农作物秸秆,如青贮、微贮等。能产生纤维素酶的微生物均能降解纤维素。降解木质素的微生物主要有放线菌、软腐真菌、褐腐真菌、白腐真菌等。美国的研究人员从 200 多种细菌中筛选出既可固定空气中的氮,又能利用秸秆纤维作为唯一碳源的菌种,可使秸秆经发酵后蛋白质含量提高 3～4 倍。刘东波等也分离出一种以纤维素为唯一碳源进行氮生长的固氮菌。

青贮就是利用微生物的发酵作用,在适宜的温度、湿度、密封等条件下,通过厌氧发酵产生酸性环境,抑制和杀灭各种微生物的繁衍,从而做到长期保存青绿多汁饲料及其营养。青贮饲料气味酸香、柔软多汁、营养不易丢失、容易被动物消化吸收,是动物冬春不可缺少的优良饲料。青贮方法有半干青贮、添加某些添加剂的特种青贮和用于非草食动物的混合青贮等。

微贮是在农作物秸秆中加入微生物高效活性菌种——秸秆发酵活干菌,放入密封的容器中,经过一定的发酵时间使农作物秸秆在适宜的温度和厌氧环境下,将大量的木质纤维类物质转化为糖类,糖类又经有机酸发酵转化为乳酸和挥发性脂肪酸,使 pH 降低到 4.5～5.0,抑制了丁酸菌、腐败菌等有害菌的繁殖,使秸秆能够长期保存。

第六章　山羊的疫病防治

第一节　山羊疫病防治措施及卫生保健

一、建立健全山羊疫病防治体系的原则

羊病的防治必须严格执行"预防为主、防重于治"的原则,搞好环境,圈舍定期消毒、有计划地进行免疫接种和药物预防等工作。其疫病防治体系建立主要有以下几点原则。

1. 坚持预防为主,防重于治的原则

在养羊业生产中,必须坚持"预防为主,治疗为辅"的原则,重点提高羊群整体健康水平、防止外来疫病传入羊群,减少羊群感染疾病的机会,控制与净化羊群中已有疫病的方法与技术措施。

2. 采用综合性防疫措施

疫病的发生与流行都与一定的决定因素相关,任何一种疫病的发生与流行都不是单一的某一种因素造成的。只有找到发病的致病因素,采用多种措施能有效地预防、控制或消灭疫病,才能提高羊只群体的健康水平。因此,在养羊业中必须采用综合性防治措施来防治疫病。

3. 切断传染的各个流行环节

目前在我国传染病依然是养羊业的最大威胁,特别是烈性传染病对养羊生产所造成的危害十分巨大。在生产中,怎样才能减少养羊业传染病所造成

的危害呢？主要是靠预防传染病。而预防传染病最有效的方法是切断传染的各个流行环节。传染病流行3个基本环节是传染源、传播途径和对传染病易感的动物，而切断传染病的各个环节就要采取消灭传染源、切断传播途径和提高羊只群体体质的综合防疫措施，才能有效地降低传染病的危害。

4.制订兽医保健防疫计划

现代养羊是一项系统工程，在生产中各项生产是相互关联，相互影响的。在养羊业生产中，兽医工作人员应熟悉其他生产情况，例如养羊设备、不同品种羊的特性、羊的饲料加工与调制、饲养与管理、经营与销售以及资金的流动等。因此，兽医工作者应根据养羊过程中不同生产阶段的特点合理制订兽医保健防疫计划。

二、山羊疫病防治

(一)防疫

(1)坚持自繁自养的原则，必须引进羊只时，应从非疫区引进，并有动物检疫合格证。

(2)运输车辆要做好彻底消毒，羊只在装运及运输过程中不能接触其他偶蹄动物。

(3)羊只引进后至少隔离饲养30 d，进行观察、检疫，确定健康后方可合群饲养。

(4)羊群的防疫应坚持"预防为主，治疗为辅"的原则，做好羊只免疫接种。羊场要采取当地疫病流行情况制订相应的免疫程序，并认真实施，要从防疫机构购买疫苗，并采取正确的防疫方法。

(5)发生疫情应立即封锁现场，并尽快向当地动物防疫监督机构报告。

(6)确诊发生口蹄疫、小反刍兽疫时，对羊群实施严格的隔离、扑杀措施。

(7)发生痒病时，除了对羊群实施严格的隔离、扑杀措施外，还需追踪调查病羊的亲代和子代。

(8)发生蓝舌病时，应扑杀病羊；如只是血清学反应呈抗体阳性，并不表现临床症状时,需采取清群和净化措施。

(9)发生炭疽时,应焚毁病羊,并对可疑的污点彻底消毒。

(10)发生羊痘、布鲁氏菌病、关节炎/脑炎等疫病时,应对羊群采取清群和净化措施。

(11)全场进行彻底的清洗消毒,病羊或淘汰羊的尸体按 GB 16548 进行无害化处理。

(二)治疗

(1)治疗使用药剂符合国家兽药相关规定。

(2)肉羊育肥后期使用药物治疗或使用含有药物的添加剂时,应根据所用药物执行休药期。达不到休药期的,不能作为优质肉羊上市。

(3)发生疾病的种羊在使用药物治疗时,在治疗期或达不到休药期的不应作为食用淘汰羊出售。

(4)对可疑病羊应隔离观察、确诊。有使用价值的病羊应隔离饲养、治疗,治愈后,才能归群。

(5)因传染病和其他需要处死的病羊,应按发生传染病时的措施有关规定进行处理。

(6)羊场不应出售病羊或死因不明的羊。

(三)卫生消毒

1.消毒剂

选用消毒剂应符合国家有关规定,选择次氯酸盐、过氧乙酸、新洁尔灭、生石灰、火碱、甲醛等,交替使用。

2.消毒方法

(1)喷雾消毒。用规定浓度的次氯酸盐、有机碘混合物、过氧乙酸、新洁尔灭、煤酚等,对羊场环境、羊场道路和周围以及进入场区的车辆消毒。

(2)浸液消毒。用规定浓度的新洁尔灭、有机碘混合物或煤酚的水溶液,洗手、洗工作服或对鞋靴进行消毒。

(3)紫外线消毒。人员入口处设紫外线灯照射至少 5 min。

(4)喷洒消毒。在羊舍周围、入口、产房和羊床下面撒生石灰或火碱液进行消毒。

(5)火焰消毒。用喷灯对羊只经常出入的地方、产房、培育舍,每年进行1~2次火焰消毒。

(6)熏蒸消毒。用甲醛等对饲喂用具和器械在密闭的室内或容器内进行熏蒸。

3.消毒制度

(1)环境消毒。羊舍周围环境定期用2%火碱或撒生石灰消毒。羊场周围及场内污染地、排粪坑、下水道出口,每月用漂白粉消毒1次。在羊场、羊舍入口设消毒池并定期更换消毒液。

(2)人员消毒。工作人员进入生产区和羊舍,要更换工作服、工作鞋、经紫外线照射5 min消毒。外来人员必须进入生产区时,也应做以上消毒措施,并遵守场内防疫制度,按指定路线进行。

(3)羊舍消毒。每批羊出栏后,要彻底清扫羊舍,采用喷雾、火焰、熏蒸消毒。

(4)用具消毒。定期对分娩栏、补料槽、饲料车、料桶等用具进行消毒。

(5)带羊消毒。定期进行带羊消毒。减少环境中的病原微生物。

(四)运输

(1)商品羊运输前,应经动物防疫监督机构根据GB 16549及国家有关规定进行检疫,合格者出具检疫证明,凭检疫证明方可上市和屠宰。

(2)运输车辆在运输前和使用后应用消毒液彻底消毒。

(3)运输途中,不应在城镇、集市停留、饮水和饲喂。

三、山羊疫病检查的方法

在羊病的临床诊断方面一般采用羊只整体检查和个体检查的方法。临床诊断时,当羊的数量较多,不可能逐一进行检查时应先做大群检查,从羊群中先剔出病羊和可疑病羊,然后再对其进行个体检查。

(一)整体检查

运动、休息和采食饮水三种状态的检查,是对大群羊进行临床检查的主要依据;眼看、耳听、手摸、检温是对大群羊进行临床检查的主要方法。运用"看、听、摸、检"的方法通过"动、静、食"三态的检查,可以把大部分病羊从羊群中检查出来。运动时的检查是在羊群的自然活动和人为驱赶活动时的检查,从不正常的动态中找出病羊。休息时的检查是在保持羊群安静的情况下,进行看和听,以检出姿态和声音异常的羊。采食饮水时的检查是在羊自然采食,饮水时进行的检查,以检出采食饮水有异常表现的羊。目前,"十看一摸知羊病"(雷时荣和舒朝荣,2003)方法值得在生产中推广、运用。

1.看精神

看羊是否活泼,对外界的反应、行为表现是否正常,有无异常的神态等。健康的羊只活泼,行动和反应灵活。如果羊表现沉郁,低头耷耳,眼闭无神,即是生病的表现,若羊出现昏迷、对刺激无反应,则说明羊病情比较严重。

2.看姿态

正常的羊姿态自然,动作协调而灵活。而病羊则出现反常的姿势和形态。如母羊产后胎衣不下时,出现弓背。瘤胃臌气时四肢叉开站立,头弯曲。羊肢蹄患病时,呈三肢站立的姿态等。通过对姿态的观察可发现羊病的性质和发病部位。

3.看食欲和饮水

在放牧、喂饲或饮水时对羊的食欲及采食饮水状态进行的观察。健康羊在放牧时多走在前头,边走边吃草,饲喂时也多抢着吃;饮水时,多迅速奔向饮水处,争先喝水。病羊吃草时,多落在后边,时吃时停,或离群停立不吃草;饮水时,不饮或暴饮,如发现这样的羊应予剔出复检。

4.看肛门

看羊的肛门四周是否清洁,有无异物或粪便附着,是否发炎、红肿等。健康羊肛门周围清洁无异物。如果肛门四周附着粪便或出现红肿,则多与消化道病、传染病或局部炎症有关。

5.看粪便

看粪便主要观察羊粪形状、颜色、内容物及气味等。健康羊粪呈颗粒状，表面略光，无特殊臭味。如果羊粪稀软，粪中带有大量黏液或血，有恶臭，羊粪中有完整的谷物或纤维很粗，均为患病的特征。

6.看眼睛

看羊的眼睛是否红肿、流泪，角膜有无混浊，眼角有无分泌物等。

健康的羊两眼有神、眼周干净、不流泪、结膜粉红。如果羊双眼无神，眼周不洁，结膜发红等，则可能与眼病或消化不良等疾病有关。

7.看鼻和呼吸

羊鼻和呼吸的变化是判定羊患病与否的重要标志。健康的羊呼吸有规律，节奏快慢、深度都相对稳定，鼻镜湿润，鼻腔清洁。当羊鼻端干燥，鼻腔有浆液性、黏液性或脓性分泌物流出，呼吸快而深时（羊运动或天热时呼吸加快除外），即为病态。

8.看毛、皮、蹄、角

健康羊的被毛整齐、光亮，富有弹性，角蹄外观致密，质地坚实，有光泽。当羊被毛粗乱、干燥无光、脱落，皮肤缺乏弹性或结痂，蹄、皮肤出现水疱或溃疡，甚至蹄壳脱落时则为病态。

9.看营养状况（膘情）

看膘情通常是观察羊的肌肉丰满程度或消瘦程度以及骨突是否明显等。营养良好的健康羊肌肉丰满、厚实，皮下脂肪丰富，肋骨、胯骨不突出；反之羊消瘦，骨突明显，伴有精神不振、眼无神的为患慢性病或寄生虫病的标志。

10.看反刍

羊是草食动物，采食后会有规律地将瘤胃内的草料返回到口腔咀嚼后再咽下。反刍在安静休息状态下反复进行，一般在饲喂后 0.5～1 h 开始，每昼夜反刍 4～10 次，每次持续 20～60 min。若反刍减弱或停止，则是瘤胃积食，臌气及患高热病、中毒病的症状。

11.摸体温

用手摸羊耳朵或把手伸进羊嘴内握住舌头，便可知羊是否发烧。最准确的方法是用体温表测量（正常羊体温是 38～40℃），体温超过或低于正常值均是发病的标志。

(二)个体检查

个体临床诊断法是诊断羊病最常用的方法，如从羊群中先剔出病羊和可疑病羊，通过问诊、视诊、嗅诊、切诊（触、叩诊），综合起来加以分析，可以对疾病做出初步诊断，以便更好地进行治疗。主要有以下几种判断分析方法。

1. 问诊

问诊是通过询问畜主，了解羊发病的有关情况，包括发病时间、头数、病前病后的表现、病史、治疗情况、免疫情况、饲养管理及羊的年龄等，并进行分析。

2. 视诊（望诊）

视诊是通过观察病羊的表现。包括羊的肥瘦、姿势、步态及羊的被毛、皮肤、黏膜、粪尿等。

(1)肥瘦。一般急性病，如急性臌胀、急性炭疽等病羊身体仍然肥壮；相反，一般慢性病如寄生虫病等，病羊身体多瘦弱。

(2)姿势。观察病羊一举一动，找出病的部位。

(3)步态。健康羊步伐活泼而稳定。如果羊患病时，常表现行动不稳，或不喜行走。当羊的四肢肌肉、关节或蹄部发生疾病时，则表现为跛行。

(4)被毛和皮肤。健康羊的被毛平整而不易脱落，富有光泽。在病理状态下，被毛粗乱蓬松，失去光泽，而且容易脱落。患螨病的羊，被毛脱落，同时皮肤变厚变硬，出现蹭痒和擦伤。还要注意有无外伤等。

(5)黏膜。健康羊可视黏膜光滑粉红色。若口腔黏膜发红，多半是由于体温升高，身体有炎症。黏膜发红并带有红点，血丝或呈紫色，是由于严重的中毒或传染病引起的。苍白色，多为患贫血病；黄色，多为患黄疸病；蓝色，多为肺脏、心脏患病。

(6)粪尿。主要检查其形状、硬度、色泽及附着物等。粪便过干，多为缺水和肠弛缓；过稀，多为肠机能亢进；混有黏液过多，表示肠黏膜卡他性炎症；含有完整谷粒，表示消化不良；混有纤维素膜时，表示纤维素性肠炎；还要认真检查是否含有寄生虫及其节片。排尿痛苦、失禁表示泌尿系统有炎症、结石等。

（7）呼吸。呼吸次数增多，常见于急性、热性病、呼吸系统疾病、心衰、贫血及腹压升高等；呼吸减少，主要见于某些中毒、代谢障碍昏迷。

（8）采食饮水。羊的采食、饮水减少或停止，首先要查看口腔有无异物、口腔溃疡、舌有烂伤等。反刍减少或停止，往往是羊的前胃疾病。

3. 嗅诊

嗅闻分泌物、排泄物、呼出气体及口腔气味。肺坏疽时，鼻液带有腐败性恶臭；胃肠炎时，粪便腥臭或恶臭；消化不良时，呼气酸臭味等。

4. 触诊

是用手感触被检查的部位，并加压力，以便确定被检查的各器官组织是否正常。

（1）体温。用手摸羊耳朵或插进羊嘴里握住舌头，检查是否发烧，再用体温计测量，高温常见于传染病。

（2）脉搏。注意每分钟跳动次数和强弱等。

（3）体表淋巴结。当羊发生结核病、伪结核病、羊链球菌病菌时，体表淋巴结往往肿大，其形状、硬度、温度、敏感性及活动性等都会发生变化。

5. 听诊

听诊是利用听觉来判断羊体内正常的和有病的声音（需在清静的地方进行）。

（1）心脏。心音增强，见于热性病的初期；心音减弱，见于心脏机能障碍的后期或患有渗出性胸膜炎、心包炎；第二心音增强时，见于肺气肿、肺水肿、肾炎等病理过程中。听到其他杂音，多为瓣膜疾病、创伤性心包炎、胸膜炎等。

（2）肺脏。①肺泡呼吸音：过强，多为支气管炎、黏膜肿胀等；过弱，多为肺泡肿胀，肺泡气肿、渗出性胸膜炎等。②支气管呼吸音：在肺部听到，多为肺炎的肝变期，见于羊的传染性胸膜肺炎等病。③啰音：分干啰音和湿啰音。干啰音甚为复杂，有咝咝声、笛声、口哨声及猫鸣声等，多见于慢性支气管炎、慢性肺气肿、肺结核等;湿啰音似含漱音、沸腾音或水泡破裂音,多发生于肺水肿、肺充血、肺出血、慢性肺炎等。④捻发音:多发生于慢性肺炎、肺水肿等。⑤摩擦音:多发生在肺与胸膜之间,多见于纤维素性胸膜炎,胸膜结核等。

（3）腹部。主要听取腹部胃肠运动的声音。前胃弛缓或发热性疾病时,瘤胃蠕动音减弱或消失。肠炎初期,肠音亢进;便秘时,肠音消失。

6.叩诊

叩诊的音响有清音、浊音、半浊音、鼓音。清音:为叩诊健康羊胸廓所发出的持续,高而清的声音。浊音:当羊胸腔积聚大量渗出液时,叩打胸壁出现水平浊音界。半浊音:羊患支气管肺炎时,肺泡含气量减少,叩诊呈半浊音。鼓音:若瘤胃臌气,则鼓响音增强。

四、药物的使用方法及注意事项

（一）药物的使用

1.药物的剂量

对药物作用的影响主要表现在作用强度和作用性质上。同一药物在不同剂量时,其作用性质有较大差别,如人工盐小剂量有健胃作用,而大剂量则有泻下作用;75%浓度的乙醇杀菌力最强,可用于体表的消毒,而浓度更高的乙醇,由于可使细菌表层蛋白质凝固,杀菌力反而降低。

剂型是药物应用的形式,对药效发挥有着重要作用。剂型可改变药物作用的性质,如硫酸镁口服可做泻下药,但硫酸镁注射液,静脉注射有抗惊厥、解痉的作用。剂型可以调节药物作用速度,不同剂型,药物作用速度不同,注射剂等属于速效剂,可用于急救,丸剂、缓释剂属于慢效制剂。剂型的靶向作用导致药物在某一组织或器官内浓度高。

2.给药时间和次数

给药时间应根据不同情况而定,健胃药、收敛止泻药、胃肠解痉药、肠道抗感染药、利胆药多在饲喂前服用,驱虫药、盐类泻药多空腹或半空腹使用,而刺激性强的药物多在饲喂后服用。

　　确定给药的时间间隔,应根据药物的半衰期和最低有效浓度确定,一般情况下要确保下次给药前血液中的药物浓度大于或等于最低有效浓度,尤其是抗菌药物。给药次数应根据病情的需要以及药物在体内的消除速度而定,半衰期短的药物,给药次数要相应增加,对毒性大或消除慢的药物应规定每日用量和疗程,在肝、肾功能低下时为防止蓄积中毒,应减少剂量和给药次数。

　　3.药物的相互作用

　　临床上常联合应用两种或两种以上的药物治疗疾病,除了达到多种治疗目的外,还有利用药物间的协同作用以增加疗效或利用拮抗作用以减少不良反应的作用。但是不合理的联合用药往往由于药物间的相互影响而降低疗效或产生毒性反应。

　　(1)药物的吸收。一种药物通过影响周围环境的 pH 而影响另一种药物的吸收,如抗酸性药物可增加弱酸性药物的解离度,因而减少吸收;一种药物含有金属离子能与另一种药物形成不溶性络合物,或含有鞣酸与铁剂或生物碱发生沉淀,妨碍了药物的吸收;一种药物减缓肠蠕动,或损伤肠黏膜,抑制另一种药物的吸收。

　　(2)药物的生物转化。许多药物通过抑制或诱导酶影响其他药物的生物转化,从而使药物的半衰期、药理作用和不良反应等发生改变,如苯巴比妥能通过诱导肝微粒酶的合成,提高其活性,而加快在肝转化药物的消除使药效减弱。

　　(3)药物的排泄。碱化尿液可加速酸性药物从肾脏的排出,如为了减轻磺胺类药物对肉食或杂食动物肾的毒害作用,在服用磺胺类药物时,同时口服碳酸氢钠碱化尿液,提高其溶解度,促进其从尿中排出。

　　(4)药效的协同作用。两种或两种以上药物联合应用后产生的作用大于单用一种药物,如青霉素与链霉素的合用、磺胺类药物与抗菌增效剂的合用等。

　　(5)药效的拮抗作用。包括药物性拮抗(如受体阻断剂拮抗受体与药物的结合等)、功能性拮抗(如两种药物作用于功能效应相反的两个特异性受体)、化学性拮抗(如两种带不同电荷的药物)等。

(二)合理使用药物注意事项

在疾病得到正确诊断以后,如何合理使用药物便成为了一个重要问题,为了彻底治愈疾病,选用药物时必须以兽医药理学理论为指导,结合兽医临床实际经验,依据动物病情,合理选择。合理用药要注意以下事项。

1. 正确诊断,对症下药

正确诊断是合理用药的先决条件,每一种药物都有其适用症,针对患病动物的具体病情,选用安全、可靠、方便、价廉的药物,反对盲目滥用药物。

2. 适宜的给药方案

根据病情、用药目的、药物本身的性质、药动学知识制订科学的给药方案。如病情危急,采用静脉注射或静脉滴注的给药途径;如果是为了控制胃肠道的大肠杆菌感染,可选用一些在胃肠道不易吸收的抗菌药物,如氨基糖苷类药物等。了解这些药物的最低抑菌浓度,以确定给药剂量,依据药动学知识确定给药次数和间隔。

3. 药物的疗效和不良反应

几乎所有的药物在有治疗作用的同时也存在不良反应,在预见药物治疗作用的同时,应积极预防不良反应的发生。

4. 合理的联合用药

在确诊疾病后,尽可能地避免联合用药。如果要联合用药,请确保药物在合用后,对疾病有协同治疗作用。联合用药时要注意药物的配伍禁忌。慎重使用固定剂量的联合用药;如复方药物制剂,因为它约束了兽医依据病情调整剂量的机会。

5. 因畜、因地选用药物

不同种类的动物、不同的年龄、性别、体况、病情等,所选用的药物不同;同一种动物,可能出现同样的发病症状,但是由于在不同的地区,可能发病原因不同,因此选用的药物也不同。

6. 休药期

按照药物使用说明或有关规定,严格遵守各种药物的休药期。

第二节　山羊常见疫病防治

一、山羊常见的寄生虫病

(一)肝片吸虫病

肝片吸虫病也叫肝蛭病、掉水腮,是由肝片吸虫寄生在胆管内,导致羊精神不振,食欲减退,贫血,消瘦,眼睑、下颌、胸前、腹下水肿为特征的症状。

防治措施:

(1)定期驱虫,每年进行 1~2 次。

(2)羊的粪便要堆积发酵后再使用,以杀虫卵。

(3)消灭中间宿主锥实螺,并尽量不到沼泽、低洼地区放牧。

(4)预防和治疗可用丙硫苯咪唑(抗蠕敏)、左旋咪唑、硫双二氯酚(别丁)、敌百虫、硝氯酚等药物。

(二)消化道线虫病

羊的消化道内常见的线虫有捻转血茅线虫、羊仰口线虫、食道口线虫和毛首线虫等,它们可引起不同程度的胃肠炎和消化机能障碍,使病羊消瘦、贫血,严重者可死亡。

防治措施:

(1)每年驱虫 2 次,注意饮水卫生,粪便发酵处理,加强饲养管理。

(2)治疗可用敌百虫、抗蠕敏、左旋咪唑、阿维菌素、伊维菌素等药物。

(三)羊螨病

羊螨病又叫疥癣,是疥螨和痒螨寄生于羊体表面而引起的慢性寄生虫病,其特征是皮炎、剧痒、脱毛、结痂,传染性强,对羊的毛皮危害严重,也可造成死亡。

防治措施:

(1)每年定期用双甲脒药浴,用 12.5% 双甲脒兑成 500 mL/L,即本品 1 L

加水配成 250 L。

（2）按每千克体重 0.2 mg 皮下注射阿维菌素，或每千克体重 0.3 mg 口服阿维菌素和每千克体重 0.2 mg 口服伊维菌素。

（3）对病羊可用 5% 敌百虫涂擦患部，每次用药面积不超过体表面的 1/3。

（四）羊毛虱

虱子侵袭羊体后，造成皮肤局部损伤，水肿、皮肤肥厚。有的还可进一步造成细菌感染，引起化脓、肿胀和发炎等。当幼虱大量侵袭羊体后，可形成恶性贫血。同时，毛虱可传播炭疽、立克次氏体等多种传染病。在我国北方 2 月末就可出现在畜体上，华北地区在 3 月底就开始侵袭羊体，一直到 11 月中旬才消失。

防治措施：

（1）消灭畜体上的虱子。①人工捕捉：饲养量少、人力充足的条件下，要经常检查羊的体表，发现虱时应及时摘掉销毁。②粉剂涂擦：可用 3% 马拉硫磷、2% 害虫敌、5% 西维因等粉剂，涂擦体表，羊剂量 30 g，在虱的活动季节，每隔 7～10 d 处理 1 次。③药液喷涂：可使用 1% 马拉硫磷、0.2% 辛硫磷、0.2% 杀螟松、0.25% 倍硫磷、0.2% 害虫敌等乳剂喷涂畜体，每只羊每次 200 mL，每隔 3 周处理 1 次。④药浴：可选用 0.05% 双甲脒、0.1% 马拉硫磷、0.1% 辛硫磷、0.05% 毒死虱、0.05% 地亚农、1% 西维因、0.002 5% 溴氰菊酯、0.003% 氟苯醚菊酯、0.006% 氯氰菊酯等乳剂，对羊进行药浴。此外，也可用阿维菌素进行皮下注射，剂量为每千克体重 0.2 mg。

（2）消灭舍内的虱。有些虱在圈舍的地面、饲槽等缝隙中生存，可选用上述药物喷撒或粉刷后，再用水泥、石灰或黄泥堵塞。

（3）消灭自然虱。根据具体的放牧草地情况，间隔时间 1～2 年，草地的成虫即可死亡。也可选上述杀虫剂进行超低量喷雾。

（五）羊鼻蝇蛆病

羊鼻蝇蛆病是由羊鼻蝇的幼虫寄生在羊的鼻腔及附近腔窦内所引起的疾病。在我国西北、内蒙古、东北及华北等地区较为常见。羊鼻蝇主要危害绵羊,对山羊危害较轻。病羊表现为精神不安、体质消瘦,甚至发生死亡。羊鼻蝇幼虫进入病羊鼻腔、额窦及颌窦后,在其移行过程中,由于口前钩和体表小刺损伤黏膜引起鼻炎:流鼻液初为浆液性,后为黏液性和脓性,有时混有血液;当大量鼻漏干涸在鼻孔周围形成硬痂时,使羊呼吸困难。病羊表现不安,打喷嚏,时常摇头,摩鼻,眼睑浮肿,流泪,食欲减退,日渐消瘦。症状可因幼虫的发育期不同持续数月。通常感染不久呈急性表现,以后逐渐好转,到幼虫寄生的末期,疾病表现更为突出。此外,当个别幼虫进入颅腔损伤了脑膜或因鼻窦发炎而波及脑膜时,可引起神经症状,表现为运动失调,旋转运动,头弯向一侧或发生麻痹。最后,病羊食欲废绝,因极度衰竭死亡。

防治措施:

(1)精制敌百虫。口服:按每千克体重 0.12 g,配成 2% 溶液,灌服;肌肉注射时,取精制敌百虫 60 g、95% 酒精 31 mL,在瓷容器内加热后,加入 31 mL 蒸馏水,再加热至 60~65℃,待药完全溶解后,加水至总量 100 mL,经药棉过滤后即可注射;剂量按羊体重 10~20 kg 用 0.5 mL,20~30 kg 用 1 mL,30~40 kg 用 1.5 mL,40~50 kg 用 2 mL,50 kg 以上用 2.5 mL。

(2)敌敌畏。口服:按每千克体重 5 mg,每日 1 次,连用 2 d。烟雾法常用于大面积防治,按室内空间每立方米用 80% 敌敌畏 0.5~1 mL。吸雾时间应根据小群羊安全试验和驱虫效果而定,一般不超过 1 h;气雾法也适合大群羊的防治,可用超低量电动喷雾器或气雾枪使药液雾化。药液的用量及吸雾时间同烟雾法。涂擦方法:用 1% 敌敌畏软膏,在成蝇飞翔季节涂擦良种羊的鼻孔周围,每 5 d 涂擦 1 次,可杀死雌蝇产下的幼虫。

(六)血吸虫病

病羊表现为腹泻,粪便中带有黏液、血液,体温升高,黏膜苍白,日渐消瘦,生长速度明显下降,可导致母羊的不孕或流产。

防治措施:

主要做到定期驱虫,及时对人、畜进行驱虫和治疗,并做好病羊的淘汰工作,在发病区域做好粪便管理和用水安全等。

可选用以下药物进行治疗:硝硫氰胺,以每千克体重 4 mg,配成 2%~3% 水悬液,颈静脉注射;吡喹酮,以每千克体重 30~50 mg,一次口服;敌百虫,绵羊以每千克体重 70~100 mg,山羊以每千克体重 50~70 mg,灌服;六氯对二甲苯,以每千克体重 200~300 mg,灌服。

(七)绦虫病

感染绦虫的病羊一般表现为食欲减退、饮水增加、精神不振、虚弱、发育迟滞,严重时病羊腹泻、粪便中混有成熟绦虫节片,病羊迅速消瘦、贫血,有的病羊出现痉挛或头部后仰的神经症状,有的病羊因虫体成团引起肠阻塞产生腹痛甚至发生肠破裂。病末期,羊常因衰弱而卧地不起,多将头转向后方,有咀嚼运动,口周围有许多泡沫,最后死亡。

防治措施:

采用圈养的饲养方式,以免羊吞食含有地螨的草而感染绦虫病;不要在潮湿地放牧,尽可能少在清晨、黄昏和雨天放牧,以避免感染病菌;驱虫后的羊粪要及时集中堆积发酵,以杀死虫卵;经过驱虫的羊群,不要到原地放牧,要及时转移到安全牧场,可有效预防绦虫病的发生;要做到定期驱虫。

治疗时可选用下列药物:丙硫苯咪唑,按每千克体重 10~16 mg,一次内服;硫双二氯酚(别丁),按每千克体重 50~70 mg,一次灌服;吡喹酮,按每千克体重 5~10 mg,一次内服;甲苯咪唑,按每千克体重 20 mg,一次内服。

(八)羊肺线虫病

羊群遭受肺线虫感染时,先是个别羊干咳,继而成群咳嗽,运动时和夜间更为明显,此时呼吸声亦明显粗重,如拉风箱。在频繁而痛苦的咳嗽时,常咳出含有成虫、幼虫及虫卵的黏液团块,咳嗽时伴发啰音和呼吸促迫,鼻孔中排出黏稠分泌物,干涸后形成鼻痂,从而使呼吸更加困难。病羊常打喷嚏,逐渐消瘦,贫血,头、胸及四肢水肿,被毛粗乱。羔羊症状严重,死亡率也高,羔羊轻度感染或成年羊感染时,则症状表现较轻。小型肺线虫单独感染时,病情表现亦比较缓慢,只是在病情加剧或接近死亡时,才明显表现为呼吸困难、干咳或呈暴发性咳嗽。根据发病的原因,可分为大型肺线虫和小型肺线虫。

防治措施：

该病流行区内,每年应对羊群进行1～2次普遍驱虫,并及时对病羊进行治疗。驱虫治疗期应收集粪便进行生物热处理;羔羊与成年羊应分群放牧,并饮用流动水或井水;有条件的地区,可实行轮牧,避免在低湿沼泽地区放牧;冬季羊应适当补饲,补饲期间,每隔1 d可在饲料中加入硫化二苯胺,按成年羊1 g、羔羊0.5 g计算,让羊自由采食,能大大减少病原的感染。

可采用以下药物进行治疗:①丙硫苯咪唑。剂量按每千克体重5～15 mg,口服。这种药对各种肺线虫均有良效。②苯硫咪唑。剂量按每千克体重5 mg,口服。③左咪唑。剂量按每千克体重7.5～12.0 mg,口服。④氰乙酰肼。剂量按每千克体重17 mg,口服;或每千克体重15 mg,皮下注射或肌肉注射。该药对缪勒线虫无效。⑤枸橼酸乙胺嗪(海群生)。剂量按每千克体重200 mg,口服。该药适合对感染早期幼虫的治疗。

(九)脑多头蚴病(脑包头病)

脑多头蚴病是由于多头绦虫的幼虫——多头蚴寄生在绵羊、山羊的脑和脊髓内,引起脑炎、脑膜炎及一系列神经症状(主要表现为周期性转圈运动),甚至死亡的严重寄生虫病。该病散布于全国各地,并多见于犬活动频繁的地方。

防治措施：

该病的主要预防措施是防止犬等肉食动物吃到带有多头蚴的脑脊髓;对患畜的脑和脊髓应烧毁或深埋;对护羊犬应进行定期驱虫;注意消灭野犬、狼、豺、狐等终末宿主,以防病原进一步散布。

可实施手术摘除寄生在脑髓表层的虫体,即在多头蚴充分发育后,根据囊体所在的部位施行外科手术开口后,先用注射器吸去囊中液体,使囊体缩小,然后完整地摘除虫体。

药物治疗可用吡喹酮,病羊按每千克体重50 mg,连用5 d;或按每千克体重70 mg,连用3 d。据报道,这样用药可取得80%的疗效。

二、山羊常见的传染病

(一)羔羊肺炎

羔羊肺炎是羔羊一种急性烈性传染病。其特点是发病急,传染快,常造成大批死亡。发病后羔羊体温升高至41℃,呼吸、脉搏加快,食欲减退或废绝。精神不振,咳嗽,鼻子流出大量黏液脓性分泌物。病势逐渐加重,多在几天内死亡。能痊愈者往往发育不良,长期体内带菌并传染健康羊。

防治措施:

出现母羊患传染性乳房炎时,要及时把羔羊隔离,不让其吃病羊乳汁,改喂健康羊乳汁。同时对病母羊污染的圈舍、场地、用具等,清扫干净,彻底消毒。对病羔加强护理,饲养在温暖、光亮、宽敞、干燥的圈舍内,多铺和勤换垫草。

羔羊发病初期,可用青霉素、链霉素或卡那霉素肌肉注射,每天2次。每千克体重用量:青霉素1万～1.5万U,链霉素10 mg,卡那霉素5～15 mg。

(二)结核病

结核病是由结核分枝杆菌引起的人、畜和禽类的一种慢性传染病。其发病的症状在奶山羊上表现明显,病重时食欲减退,全身消瘦,皮毛干燥,精神不振。常排出黄稠鼻涕,甚至含有血丝,呼吸呼噜作响。后期也表现为贫血,磨牙,喜吃土,体温上升40～41℃,最后消瘦衰竭而死,死前一般高声惨叫。绵羊结核病一般为慢性病,故生前只能发现病羊消瘦和衰弱,并无咳嗽症状。

防治措施:

做到经常检查,将阳性反应的羊严格隔离,禁止与健康羊群发生任何直接或间接的接触;病羊所产的羔羊,立刻用来苏儿、百毒杀或其他消毒液进行消毒;对于有价值的奶羊和优良品种的羊,可以采用链霉素、异烟肼、对氨水杨酸钠或盐酸黄连素治疗轻型病例。对于症状明显的病羊,做捕杀处理,以防后患。

(三)羔羊痢疾

羔羊痢疾是初生羔羊的一种急性传染病,其特征是持续下痢。该病分成两类,一类是厌气性羔羊痢疾,病原体为产气荚膜梭菌;另一类是非厌气性羔羊痢疾,病原体为大肠杆菌。

防治措施:

(1)保温。放牧中所产羔羊,用毡毯包裹,防止受凉。妊娠羊留圈产羔,并设法提高舍温,羊圈尽可能保持干燥,避免潮湿。

(2)母羊保膘。搞好母羊上膘、保膘工作,使所产羔羊体格健壮,抗病力强。

(3)科学合理哺乳。可避免羔羊饥饱不均。母羊在圈附近放牧,适时回圈哺乳,或给母羊补饲。

(4)消毒棚圈,搞好隔离。在每年秋末做好棚圈消毒工作。在母羊临产前,剪去阴户、大腿内侧和乳房周围的污毛,并用3%来苏儿溶液消毒。一旦发生痢疾,随时隔离病羔羊,并搞好羊圈消毒。

(5)预防。在母羊产后14~20 d皮下或肌肉注射5 mL厌气性五联菌苗,初生羔羊吸吮免疫母羊的奶汁,可获得被动免疫力。在常发痢疾地区,在羔羊生后12 h灌服土霉素0.15~0.2 g,每天1次,连服3 d。

(6)药物治疗。①土霉素0.2~0.3 g,或胃蛋白酶0.2~0.3 g,内服,每天2次。②呋喃西林5 g,磺胺脒25 g,次硝酸铋6 g,加水100 mL,混匀,每次灌服4~5 mL,每天2次。③用胃管灌服6%硫酸镁溶液(内含0.5%福尔马林)30~60 mL,6~8 h后,再灌服1%高锰酸钾溶液1~2次。④磺胺脒0.5 g,鞣酸蛋白、碳酸氢钠各0.2 g,1次内服,每日3次。如果无效,可肌肉注射4万~5万U的青霉素,每日2次,直至痊愈。⑤中药疗法。每次3~5 mL泻痢宁内服,每天3次,3 d为1个疗程。乌梅散配方:乌梅(去核)、炒黄连、郁金、甘草、猪苓、黄芩各10 g,诃子、焦山楂、神曲各13 g,泽泻8 g,干柿饼1个(切碎)。将各药混合捣碎后加水400 mL,煎汤150 mL,红糖50 g为引,用胃管灌服,1次30 mL。如拉稀不止,可再服1~2次;承气汤加减:大黄、酒黄芩、焦山楂、甘草、枳实、厚朴、青皮各 6 g,将各药混合后研碎加水 400 mL,再加入朴硝 16 g,用胃管灌服。

(四)羊巴氏杆菌病

羊只发病突然,精神沉郁,呆立或卧地不起,食欲较差或不食,反刍停止。病羊体态一般,部分消瘦,被毛脏乱,软弱无力,行走不稳。可视黏膜发绀,两眼流泪,鼻镜干燥,打喷嚏,鼻腔流出浆液性或脓性鼻液,呼吸困难,气喘。有的病羊有腹泻症状,便中有鲜红色血液。有的病羊尿血。病羊体温一般为40～42℃,呼吸为 35～50 次/min,心率为 90～125 次/min。

防治措施:

(1)隔离发病羊只,清除不洁的垫草、垫料,对病羊污染的圈舍、地面、墙壁、运动场及用具用 1∶3 000 百毒杀溶液进行喷洒或清洗,进行彻底消毒。

(2)对病羊采用氟甲砜霉素和硫酸卡那霉素联合用药,配合地塞米松磷酸钠,肌肉注射。氟甲砜霉素 20 mg/kg 体重,硫酸卡那霉素 1.5 万 U/kg,地塞米松磷酸钠 4 mg/只,每天 1 次,连用 3 d。

(3)病羊用复方新诺明拌料,每只 3 g/次,每天 2 次,连用 5 d。同时全群用 1∶10 000 浓度的百毒杀溶液自由饮用。

(4)取纯培养物,加入营养肉汤中培养 24 h,加入 0.8% 甲醛灭活培养12 h,再加入适量铝胶制成灭活苗,每只羊皮下注射 2 mL,对全群进行紧急接种。

(五)山羊传染性胸膜肺炎

患羊被毛粗乱,食欲减少,体温高达 40～41℃,咳嗽,流脓性铁锈色鼻液,附着于鼻孔和上唇上形成干涸棕色痂垢,病初咳嗽为短而湿,声音粗大,中后期转干而痛苦的呻吟、声音低沉,眼角流脓性眼屎,口角流脓性唾液,呼气恶臭,叩诊腹部实音,听诊有支气管呼吸音和摩擦音、痛苦呻吟。孕羊75% 以上流产,成年羊有一定的抵抗力,羔羊发病死亡率较高,呈地方性流行,高度接触传染。有亚急性经过。个别患羊腹胀、腹泻、粪便稀软,3～5 d死亡。

防治措施：

（1）饲养管理，冬季注意圈舍保温，合理安排羊只密度，夏季注意圈舍通风。

（2）要防止引入或迁入病羊和带菌羊，新引进的羊只必须隔离观察1个月以上，确认健康后才能混入大群饲养或放牧。

（3）防疫接种，防疫是预防本病关键的有效措施，用山羊传染性胸膜肺炎氢氧化铝疫苗进行预防接种。

（4）发病羊群应立即进行封锁和隔离，对全群进行逐头检查，对病羊、疑似病羊、假定健康羊只分群隔离和治疗；对被污染的羊舍、场地和病羊的尸体、粪便等进行彻底的消毒或无害处理。假定健康羊只用山羊传染性胸膜肺炎氢氧化铝疫苗进行紧急预防接种。

（5）治疗方法。选用新胂凡纳明（九一四），5月龄以下羊0.1～0.15 g，5月龄以上羊0.2～0.25 g，溶于生理盐水静脉注射；必要时间隔4～9 d再注射1次。也可用土霉素按每日每千克体重服20～50 mg，分2～3次服完；或用氯霉素按每日每千克体重服30～50 mg，分2～3次服完。

（六）羊口疮（羊传染性脓疱病）

病羊的体温有时升高到41℃，精神委顿，食欲不振，明显消瘦。经过仔细观察、检查，发现这是典型的传染性脓疱病，俗称"羊口疮"。有的病羊在口角、上唇或鼻上出现小红斑，有的成水疱或脓疱。个别羊只已扩散到口腔黏膜、舌头上面发生水疱、脓疱和糜烂，咀嚼和吞咽都很困难。

防治措施：

在流行此病的地区应预防接种羊口疮弱毒苗进行免疫。病羊用食醋或0.2％高锰酸钾溶液冲洗创面，用碘、甘油涂抹，口腔内采用喷洒冰硼散或青袋散粉剂，每天1～2次，严重有继发感染者，可用抗生素、维生素等消炎、强心补液，对症治疗。

（七）口蹄疫

羊只发病时体温升高，精神不振，食欲低下，常于口腔黏膜、蹄部皮肤上形成水疱、溃疡和糜烂，但有时也见于乳房部位。发病的羊常流涎，采食呈现出痛苦状或不采食。若仅为口腔发病,经 1～2 周便可痊愈;当病害到蹄部,可见明显的跛行症状,经 2～3 周方可痊愈。成年山羊呈良性过程,死亡率仅 1%～2%,而羔羊抵抗力差,对本病敏感,常出现胃肠炎、心肌炎,死亡率达20%～50%。

防治措施:

对已发生的羊场应划定封锁界限,禁止人畜来往,对病羊进行隔离,做好消毒工作,消毒时可选用 2%氢氧化钠、2%福尔马林或 20%～30%热草木灰水。本病一般不允许治疗,要就地扑杀,实行无害化处理。但因特殊需要可进行治疗,治疗时应根据患病部位不同,给予不同治疗。

(八)羊痘

绵羊痘病致羊体温升高到 41～42℃,精神不振,食欲减退,并伴有可视黏膜卡他性、脓性炎症;经 1～4 d,开始发痘。发痘的初期为红斑,1～2 d 后形成丘疹,为突出于皮肤表面的苍白色坚实结节;结节在 2～3 d 内变成水疱。水疱内容物起初像淋巴液,逐渐增多,中央凹陷呈脐状。在此期间,体温稍有下降。随后,由于白细胞渗入,变为脓性,不透明,脐状消失,成为脓疱。化脓期间体温再度上升。如无继发感染,则几日之内脓疱干缩成褐色痂块。痂块脱落后遗留一微红色或苍白色的瘢痕。全过程为 3～4 周。

山羊痘是山羊痘病毒引起的一种传染病。其临床特征和病理变化与绵羊痘相似,主要在皮肤和黏膜上形成痘疹。但山羊痘病病例较为少见。山羊痘只感染山羊,同群绵羊不受传染。目前,对本病虽可用羊痘鸡胚化弱毒苗预防,但仍应严格执行兽医卫生措施,发病后做好隔离、消毒工作,并防止继发感染。

防治措施:

加强饲养管理,对病羊隔离消毒,对羊舍及周围环境用百毒杀消毒液进行消毒,每天 1 次,连用 7 d。规模养殖山羊,一定要于每年 6～7 月份接种山羊痘弱毒疫苗,做好预防工作。若已发生山羊痘,要早确诊,早治疗。

病羊初期采用康复羊的血清和病毒唑联合治疗,30 kg 体重的病羊,用康复羊血清 20 mL/只,一次肌肉注射,病毒唑 200 mg/(只·次);肌肉注射瘟毒康,每千克体重 0.2 mL,每天 2 次,连用 3 d;为防止继发感染,同时用青霉素

160 万 U、链霉素 100 万 U 一次肌肉注射,每天 2 次,连用 3 d;全群饲料内混 0.02％病毒唑。为防继发感染同时饲料内混 0.2％土霉素粉,连用 3～5 d。

中药治疗方剂:龙胆草 90 g、板蓝根 60 g、金银花 40 g、野菊花 40 g、连翘 30 g、甘草 30 g,将上述中药加工成细粉,每只羊按 10～40 g 均匀拌入饲料中。病重羊用开水冲调,候温灌服;个别体表病变严重的羊,用 0.1％高锰酸钾溶液洗涤后,再涂擦碘甘油。在用药过程中得出中草药治疗本病效果非常理想,用药后症状迅速减轻,病羊很快康复,使疫情得到控制。当羊群发生羊痘时,要与羊的传染性脓疱和羊螨病区别开来。

(九)炭疽病

发生该病时,病羊表现为突然倒地,全身抽搐、颤抖、磨牙、呼吸困难,体温升高到 40～42℃,从眼、鼻、口腔、肛门等天然孔流出带气泡的暗红色或黑色血液,且不易凝固,数分钟即可死亡。病情较缓和时,表现为兴奋不安,行走摇摆,呼吸加快,心跳加速,后期全身痉挛,天然孔出血,数小时内即可死亡。

防治措施:

在发病率较高地区,每年坚持给肉羊注射Ⅱ号炭疽芽孢苗,每只皮下注射 1 mL。对疑似炭疽病的羊,要严禁剖检、剥皮和食用,病羊尸体应深埋,病羊离群后,全群用抗菌药 3 d,可起到一定的预防作用。对污染垫草、粪便等要烧毁;对污染的羊舍、用具及地面要彻底消毒,可用 10％热碱水或 0.1％升汞溶液或 20％～30％漂白粉等连续消毒 3 次,每次间隔 1 h 以上。病程较急的羊往往来不及治疗。对于病情较缓的,应在严格隔离条件下进行治疗。病初,可皮下或静脉注射炭疽血清 40～80 mL,4 h 后若体温不退,可再注射 30 mL。炭疽杆菌对青霉素、土霉素及氯霉素敏感,其中青霉素最为常用,剂量按每千克体重 1.5 万 U,每隔 8 h 肌肉注射一次。实践证明,抗炭疽血清与青霉素结合使用效果较佳。

(十)羊狂犬病

狂犬病俗称疯狗病,是由狂犬病病毒引起的一种人畜共患的急性接触性传染病。狂犬病在临床上分为狂暴型和沉郁型两种病型。狂暴型病羊初期精神沉郁,反刍、食欲减少;不久表现起卧不安,出现兴奋和冲击动作,冲撞墙壁,磨牙流涎,性欲亢进,攻击动物等,常舔咬伤口,使之经久不愈;末期发生麻痹,卧地不起,衰竭而死。沉郁型病例多无兴奋期或兴奋期短,而且迅速转入麻痹期,出现喉头、下颌、后躯麻痹,流涎,张口、吞咽困难等症状,最终卧地而死。

防治措施:

第一,扑杀野犬、病犬及拒不免疫的犬类。养犬必须登记注册,进行免疫接种;第二,疫区与受威胁区的羊和易感动物接种弱毒疫苗或灭能菌苗;第三,加强国境检疫,未接种疫苗的犬及易感动物进入时须隔离观察6个月,并接种疫苗。羊被患有狂犬病或可疑的动物咬伤时,应及时用清水或肥皂水冲洗伤口,再用0.1%升汞、碘酒或硝酸银等处理伤口,并立即接种狂犬病疫苗;有条件时也可用免疫血清进行治疗。如伤及人,应立即送到医院治疗。

(十一)李氏杆菌病

李氏杆菌病又称转圈病,是家畜、啮齿动物和人共患的传染病。病羊短期发热,精神抑郁,食欲减退,多数病例表现脑炎症状,如转圈,倒地,四肢做游泳状姿势,颈项强直,角弓反张,颜面神经麻痹,嚼肌麻痹,咽麻痹,昏迷等。孕羊可出现流产,羔羊多以急性败血症而迅速死亡,病死率甚高。

防治措施:

平时注意清洁卫生和饲养管理,消灭啮齿动物;发病时,应将病羊隔离治疗;病羊尸体要深埋,并用5%来苏儿对污染场地进行消毒。早期大剂量应用磺胺类药物,或与抗生素并用,有良好的治疗效果。用20%磺胺嘧啶钠5~10 mL,氨苄青霉素按每千克体重1万~1.5万U,庆大霉素每千克体重1 000~1 500 U,均肌肉注射,每日2次。病羊有神经症状时,可对症治疗,肌肉注射盐酸氯丙嗪,按每千克体重用1~3 mg。应注意的是此病主要表现为转圈运动,但要与山羊病毒性关节炎——脑炎、羊脑疱虫病的症状进行区分,以进行下一步的治疗。

(十二)布氏杆菌病

该病是由布氏杆菌引起的人畜共患的慢性传染病,羊感染后,以母羊发生流产和公羊发生睾丸炎为特征。怀孕羊发生流产是该病的主要症状,但不是必有的症状。流产多发生在怀孕后的 3～4 个月。有时患病羊发生关节炎和滑液囊炎而致跛行,公羊发生睾丸炎,少部分病羊发生角膜炎和支气管炎。流产胎儿主要为败血症病变,浆膜与黏膜有出血点与出血斑,皮下和肌肉间发生浆液性浸润,脾脏和淋巴结肿大,肝脏中出现坏死灶。公羊发生该病时,可发生化脓坏死性睾丸炎和附睾炎,睾丸肿大,后期睾丸萎缩。

防治措施:

应当着重体现"预防为主"的原则,在未感染羊群中,控制本病传入的最好办法是自繁养,必须引进种羊或补充羊群,要严格执行检疫。即将羊隔离饲养 2 个月,同时进行布氏杆菌病的检查。经过扑灭处理后清静的羊群,在今后应定期检疫(至少 1 年 1 次),一经发现,立即淘汰,并严格消毒。该病无治疗价值,一般不予治疗。发病后的防治措施是用试管凝集反应或平板凝集反应进行羊群检疫,发现呈阳性和可疑反应的羊均应及时隔离,以淘汰屠宰为宜,严禁与假定健康羊接触。必须对污染的用具和场所进行彻底消毒;流产胎儿、胎衣、羊水和产道分泌物应深埋。凝集反应阴性羊用布氏杆菌猪型 2 号弱毒苗或羊型 5 号弱毒苗进行免疫接种。

(十三)坏死杆菌病

坏死杆菌病是由坏死杆菌引起的畜禽共患慢性传染病,以蹄部、皮下组织或消化道黏膜的坏死为特征。有时转移到内脏器官如肝、肺形成坏死灶,有时引起口腔、乳房坏死。坏死杆菌引起的咳嗽,常发生于 1～4 日龄的羔羊,病初体温升高,食欲不振,呼吸困难,口腔发生坏死性炎症(白喉),肝、肺坏死,4～5 d 死亡。

防治措施:

(1)平时要保持羊舍及放牧场地的干燥,避免造成蹄部、皮肤和黏膜的外伤,一旦出现外伤应及时消毒。

(2)消除蹄部的坏死组织。用 1‰高锰酸钾或 3%来苏儿冲洗,也可用 10%硫酸铜溶液进行温脚浴,然后用碘酊或龙胆紫涂擦。

(3)对坏死性口炎,用 1‰高锰酸钾冲洗,涂碘甘油或龙胆紫。

(4)对内脏转移坏死灶,可用抗生素结合强心、利尿、补液等药物进行治疗。

(十四)羊快疫

羊快疫是由厌气性腐败菌引起的最急性传染病,6～24月龄的绵羊最易感,山羊有时也可发病。其特征是不出现症状而突然死亡。

防治措施:

(1)在疫区内定期注射羊快疫、羊猝狙和羊肠毒血症三联四防苗。

(2)发生该病时,对病羊及时隔离、治疗,健康羊注射三联四防苗。焚烧或深埋病死羊只的尸体。

(3)对发病羊只及时用抗生素、磺胺类及呋喃类药物进行治疗。

(十五)羊猝狙和羊肠毒血症

羊猝狙是由C型产气荚膜杆菌引起的,以急性死亡为特征、伴有腹膜炎和溃疡性肠炎,1～2岁绵羊多发。羊肠毒血症是由D型或C型产气荚膜杆菌引起的,发病快,精神沉郁,食欲废绝,腹泻,肌肉痉挛,倒地,四肢痉挛,角弓反张,体温不高。剖检时,肾脏柔软如泥,又叫类快疫或软肾病,常突然死亡。

防治措施:

(1)加强饲养管理,提高羊只的抗病能力。

(2)定期注射羊快疫、羊猝狙和羊肠毒血症三联四防苗。

(3)对发病羊只肌肉注射或静脉注射抗生素。

(4)对腹泻重的羊,可灌服鞣酸蛋白、活性炭、次硝酸铋等,也可配上小苏打粉。

(十六)破伤风

本病为人畜共患的一种创伤性、中毒性传染病。其特征是患病动物全身肌肉发生强直性痉挛,对外界刺激的反射兴奋性增强。病初症状不明显,以后表现为不能自由卧下或起立,四肢逐渐强直,运步困难,角弓反张,牙关紧闭,流涎,尾直,常发生轻度肠臌胀。突然的音响,可使骨骼肌发生痉挛,致使病羊倒地。发病后期,常因急性胃肠炎而引起腹泻。病死率很高。

防治措施：

平时多要注意观察，一旦发现羊有外伤时应立即使用消毒液或碘酒消毒。阉割羊或处理羔羊脐带时，也要及时用2％～5％的碘酊等消毒剂严格消毒。将病羊置于光线较暗的安静处，给予易消化的饲料和充足的饮水。彻底消除伤口内的坏死组织，用3％过氧化氢、1％高锰酸钾或5％～10％碘酊进行消毒处理。病的初期应用破伤风抗毒素5万～10万U肌肉或静脉注射，以中和毒素；为了缓解肌肉痉挛，可用氯丙嗪（每千克体重0.002 g）或25％硫酸镁注射液10～20 mL肌肉注射，并配合应用5％碳酸氢钠100 mL静脉注射。对长期不能采食的病羊，还应每天补糖、补液。当羊牙关紧闭时，可用3％普鲁卡因5 mL和0.1％肾上腺素0.2～0.5 mL，混合注入咬肌。中药用防风散或千金散，根据病情加减。

（十七）羔羊大肠杆菌病

羔羊大肠杆菌病是由致病性大肠杆菌引起的一种幼羔急性、致死性传染病。主要分为败血型和下痢型。败血型多发于2～6周龄的羔羊。病羊体温41～42℃，精神沉郁，迅速虚脱，有轻微的腹泻或不腹泻，有的带有神经症状，运步失调，磨牙，视力障碍，也有的病例出现关节炎。多于病后4～12 h死亡。下痢型多发于2～8日龄的新生羔。病初体温略高，出现腹泻后体温下降，粪便呈半液体状，带气泡，有时混有血液，羔羊表现腹痛，虚弱，严重脱水，不能起立。如不及时治疗，可于24～36 h死亡，死亡率15％～17％。

防治措施：

对母羊加强饲养管理，做好母羊的抓膘、保膘工作，保证新产羔羊健壮、抗病力强。同时应注意羔羊保暖。对病羔要立即隔离，及早治疗。对污染的环境、用具要用3％～5％来苏儿消毒。大肠杆菌对土霉素、磺胺类和呋喃类药物都具有敏感性，但必须配合护理和其他对症疗法。土霉素按每日每千克体重20～50 mg，分2～3次口服；或按每日每千克体重10～20 mg，分两次肌肉注射。呋喃唑酮，按每日每千克体重5～10 mg，分2～3次口服，新生羔再加胃蛋白酶0.2～0.3 g；对心脏衰弱的，皮下注射25％安钠咖0.5～1 mL；对脱水严重的，静脉注射 5％葡萄糖盐水 20～100 mL；对于有兴奋症状的病羔，用水合氯醛 0.1～0.2 g 加水灌服。应注意与羔羊梭菌性痢疾的区别，以便更好地治疗。

(十八)传染性角膜结膜炎

传染性角膜结膜炎又称红眼病或流行性眼炎。病初患畜怕光，经常流泪。病眼常分泌黏液性眼屎，病重时造成失明。

防治措施：

有条件的羊场应建立病畜隔离区，划定疫区，定时清扫消毒，防止相互传染；对新引进的羊只，至少隔离 60 d，方可允许与健康羊合群。一般病羊若无全身症状，在半个月内可以自愈。发病后应尽早治疗，越快越好。用 2％～4％硼酸液洗眼，拭干后再用 3％～5％弱蛋白银溶液滴入结膜囊中，每天 2～3 次；用 0.025％硝酸银液滴眼，每天 2 次；或涂以青霉素、氯霉素、四环素软膏。或采用中药治疗：取龙胆草 15 g、柴胡 15 g、白芍 15 g、石决明 15 g、草决明 15 g、青葙子 20 g、菊花 20 g、蝉蜕 15 g、苍术 15 g、滑石 15 g、甘草 150 g，加水煎服，连用 2 剂。

如发生角膜混浊时，可涂擦 1％～2％黄降汞软膏，每天 1～2 次。

(十九)山羊病毒性关节炎-脑炎

脑炎是一种病毒性传染性疾病。根据发病症状分为脑脊髓型、关节型和肺炎型。患脑脊髓型的病羊精神沉郁、跛行、进而四肢强直或共济失调。关节型典型症状是腕关节肿大和跛行。肺炎型较少见，患羊进行性消瘦，咳嗽，呼吸困难。

防治措施：

目前尚无有效疗法和特效疫苗。主要以加强饲养管理和防疫卫生工作为主。执行定期检疫。及时淘汰血清反应阳性羊。引进羊只实行严格检疫，特别是引进国外品种，进场前应单独隔离观察，定期复查，确认健康后，才能转入正常饲养繁殖或投入使用。

经患病的羊感染的饲草、饲料、饮水等都要经严格消毒，进行焚烧或深埋处理；在无病区还应提倡自繁自养，严防本病由外地带入。

三、山羊常见的普通病

（一）食道梗塞

食道梗塞是指羊的食道被饲草或异物堵塞。羊在过度饥饿时，突然饲喂块根块茎类饲料，可导致食道堵塞。堵塞后大量唾液从口鼻流出，颈部肌肉痉挛，不嗳气，不反刍，呼吸困难，瘤胃胀气。若救治不及时会窒息死亡。

防治措施：

发生食道梗塞时，应尽早排除堵塞物。如果堵塞物在咽部，则可用手或镊子夹出；如果堵塞物在深部食道，则先用胃导管灌入 2％普鲁卡因溶液 50 mL，经 8～10 min 后，再向食管内灌入液体石蜡 50 mL，然后用胃导管向下推送堵塞物，一旦将堵塞物送入瘤胃，即可解除食道梗塞。

（二）前胃弛缓

羊的前胃弛缓是指羊采食较多的发霉、变质或冰冻的饲料，或饲喂了过量的精料及运动不足而导致的。患有前胃弛缓的病羊：食欲减退或不食，经常空口磨牙、反刍无力、反刍次数减少或停止反刍，时间长后则逐渐消瘦，严重者表现贫血甚至死亡。

防治措施：

（1）促进反刍。可静脉注射 10％氯化钠 100～200 mL 加 10％安钠咖 5 mL。

（2）促进瘤胃蠕动。皮下注射硫酸新斯的明 2 mL，每隔 6 h 注射 1 次，直到恢复瘤胃蠕动；也可内服吐酒石（酒石酸锑钾）1～2 g，每天 1 次，连用 2～3 d。

（3）恢复瘤胃内微生物群系。将刚屠宰的健康羊的瘤胃液或健康羊反刍时口腔内的草团或将多种微生态制剂（如牧迪优菌每只病羊 1 次量 10～15 g 用水制成湿团）经病羊口腔灌入瘤胃内，这对恢复瘤胃甚至肠道内的微生物群系非常重要。

（三）瘤胃臌气

羊吃了大量易发酵的饲草、饲料，如幼嫩多汁的青草或霜冻的饲料、酒糟、霉败变质的饲料,或抢食精料过多时,均可导致瘤胃内容物大量产气。发病后可见病羊左肷部膨胀,叩击时呈鼓音,羊表现不安,弓背,回头顾腹,咩叫,两后肢不时地踏动。

防治措施:

以排除瘤胃内气体,制止瘤胃内容物进一步发酵产气为主。

(1)放气。对于急性的瘤胃鼓气,及时放气排气是缓解症状的一种重要方法。可用瘤胃穿刺放气法或胃导管放气法。

(2)制止发酵。放气后,顺便注入0.5%的普鲁卡因青霉素80万～240万U或酒精20～30 mL。也可灌服豆油、花生油、棉籽油50～100 mL。

(3)排出瘤胃内容物。可灌服泻剂硫酸钠或硫酸镁50～100 g,或植物油100～250 mL,让胃肠内容物尽快排出。

(四)瘤胃积食

羊突然采食大量半湿不干的花生秧、地瓜秧等之后又缺乏饮水,可引起瘤胃积食;另外发生瓣胃阻塞、真胃阻塞和肠阻塞时,也可继发瘤胃积食。积食后的羊不反刍、不吃草,腹围增大,瘤胃内容物饱满硬实、按压成坑。病羊做排粪姿势,弓背,顾腹,咩叫。

防治措施:

治疗羊的瘤胃积食以排出瘤胃内容物、止酵防腐、促进瘤胃蠕动、解除酸中毒为宗旨,可采用以下几种方法。

(1)按摩瘤胃。发病初期,在羊的左肷部用手掌按摩瘤胃,每次按摩5～10 min,每天按摩5～10次,可以刺激瘤胃,使其恢复蠕动。

(2)促进反刍。静脉注射10%的高渗盐水100～200 mL,同时皮下注射硫酸新斯的明或毛果芸香碱拟胆碱药物,每只羊每次1～2 mL,每天2～3次,以促进胃肠蠕动。

(3)强心补液缓解酸中毒。为了补充体液,纠正代谢性酸中毒,可静脉注射复方氯化钠溶液500 mL、10%安钠咖注射液5～10 mL、5%碳酸氢钠溶液100～200 mL。

(4)手术治疗。即切开瘤胃,取出瘤胃内容物,以缓解积食。

(五)感冒

在冬春季节,气候突然改变,或在放牧过程中被雨水突然淋湿等均可导致羊只感冒。感冒的羊咳嗽,流涕,鼻镜发干,眼结膜充血,羞明流泪,反刍停止,吃草少或不吃草,体温升高。

防治措施:

治疗时可选用以下几种药物:复方氨基比林 10 mL、30％安乃近 10 mL、大青叶注射液 4～8 mL、柴胡注射液 4～8 mL、病毒唑注射液 2～4 mL,肌肉注射;或安乃近 1～2 g 内服,再配合适量的抗生素,如青霉素、链霉素、庆大霉素、诺佛沙星、环丙沙星或恩诺沙星等,以防止细菌性疾病继发。

(六)外伤

羊发生外伤后应及时止血、清创、消毒、缝合、包扎,以防化脓。

防治措施:

(1)止血。用压迫法或注射止血药来制止出血,以免失血过多。

(2)清创。在创伤周围剪毛、清洗、消毒,清除创腔内的异物、血块及挫灭组织,然后用呋喃西林、高锰酸钾等反复冲洗创腔.直到冲洗干净为止,并用灭菌纱布蘸干残留药液。

(3)消毒。不能缝合且较严重的外伤,应撒布适量青霉素、链霉素、四环素等抗微生物药品,防止感染。

(七)乳房炎

乳房炎是常见疾病之一,隐性乳房炎无明显临床症状。临床型乳房炎病羊体温升高,心跳加快,精神沉郁,反刍停止,乳房红肿热痛,且有时有硬结,乳汁稀薄,两后肢叉开,不愿行走,手指触诊敏感,不让羔羊吃奶。

防治措施:

对临床型乳房炎可用抗生素治疗,向乳头内注射青霉素 80 万 U,链霉素 100 万 U,每天 2 次,全身症状明显者,应全身肌肉注射或静脉注射上述抗生素。

(八)羔羊消化不良

羔羊消化不良是哺乳期羔羊常见的一种疾病,主要是由胃肠机能紊乱造成的,临床表现为消化代谢障碍,机体消瘦,不同程度腹泻。该病多发生于1～3日龄的初生羔羊,哺乳前期的羔羊均可发生。单纯性消化不良:体温正常或稍低,轻微腹泻,粪便变稀。随着时间的延长,粪便变成灰黄色或灰绿色,其中混有气泡和黄白色的凝乳块,气味酸臭。肠间音响亮,腹胀,腹痛。心音亢进,心跳和呼吸加快。腹泻不止,严重时脱水,皮肤弹性降低,被毛无光。眼球塌陷,站立不稳,全身颤动。中毒性消化不良:病羔精神极度沉郁,眼光无神,食欲废绝,衰弱,躺地不起,头颈后仰。体温升高,全身震颤或痉挛。严重时腹泻,粪中混有黏液和血液,气味腐臭,肛门松弛,排粪失禁。眼球塌陷,皮肤无弹性。心音变弱,节律不齐,脉搏细弱,呼吸浅表。发病后期体温下降,四肢及耳冰凉,直至昏迷而死亡。

防治措施:

加强饲养管理,改善卫生条件,使用药物维护心脏、血管机能,抑菌消炎,防止酸中毒,抑制胃肠的发酵和腐败,补充水分和电解质,饲喂青干草和胡萝卜。将病羊置于温暖干燥处禁食8～10 h,饮服畜禽口服电解质溶液。对羔羊应用油类或盐类缓泻剂以排出胃肠内容物,可灌服液体石蜡30～50 mL。为了促进消化,可一次灌服人工胃液(胃蛋白酶 10 g,稀盐酸 5 mL,加水1 000 mL 混匀)10～30 mL,或用胃蛋白酶、胰酶、淀粉酶各 0.5 g,加水 1 次灌服,每日1次,连用数日。为了防止肠道感染,对中毒性消化不良的羔羊,可选用抗生素药物进行治疗。以每千克体重计算,链霉素 20 万 U,新霉素25 万 U,卡那霉素 50 mg,任选其中一种灌服。或用磺胺首次量 0.5 g,维持量0.2 g 灌服,每日 2 次,连用 3 d。脱水严重者可用5%葡萄糖生理盐水500 mL、5%碳酸氢钠 50 mL、10%樟脑磺酸钠 3 mL,混合静脉注射。可用中药泻速宁2 号冲剂 5 g 灌服,每日早晚各 1 次,参苓白术散 10 g,一次灌服。

(九)胃肠炎

本病为胃肠黏膜及其深层组织的出血性或坏死性炎症。其临床表现以严重的胃肠功能障碍和不同程度自体中毒为特征。病羊初期病症增强,以后减弱或消失,舌面呈白色。不久不断排稀粪便或水样粪便,气味腥臭或恶臭,粪中混有血液。由于下泻,可造成严重脱水,尿少色浓,眼球下陷,皮肤弹性降低,迅速消瘦。

防治措施:

从坚持"预防为主"的原则出发,首先着重改善饲养管理条件,保持适当运动,增强体质,保证健康。

日常管理必须注意饲料质量、饲料方法,建立合理的饲养管理制度,加强饲养人员的业务学习,提高科学的饲养管理水平,做好经常性的饲养管理工作,对防止胃肠炎的发生有重要的意义。

口服磺胺脒 4～8 g、小苏打 3～5 g;或口服药用炭 7 g、萨罗尔 2～4 g、次硝酸铋 3 g,加水 1 次灌服;或用青霉素 40 万～80 万 U、链霉素 50 万 U,一次肌肉注射,连用 5 d。脱水严重的宜输液,可用 5% 葡萄糖 150～300 mL、10% 樟脑磺酸钠 4 mL、维生素 C 100 mg 混合,静脉注射,每日 1～2 次。亦可用土霉素或四环素 0.5 g,溶解于生理盐水 100 mL 中,静脉注射。

急性肠炎可用中药治疗,其处方:白头翁 12 g、秦皮 9 g、黄连 2 g、黄芩 3 g、大黄 3 g、山枝 3 g、茯苓 6 g、泽泻 6 g、玉金 9 g、木香 2 g、山楂 6 g,一次煎水,灌服。

(十)口炎

本病为口腔黏膜表层和深层组织的炎症。其病理过程有单纯性局部炎症和继发性全身反应。

防治措施:

主要的预防措施在于加强饲养管理。如防止羊采食化学性药品、机械性损伤及草料内异物对口腔的损伤;提高羔羊饲料品质,饲喂富含维生素的柔软饲料;不要喂给羊霉烂的草料,饲槽经常使用 2% 碱水消毒。

加强管理,防止因口腔受伤而发生原发性口炎。宜用 2% 碱水刷洗消毒饲槽,饲喂青嫩或柔软的青干草。对传染病合并口腔炎症者,宜隔离消毒。轻度口炎,可用 0.1％雷佛奴尔液或 0.1％高锰酸钾液冲洗;亦可用 20％盐水冲洗;发生糜烂及渗出时,用 2％明矾液冲洗;有溃疡时,用 1∶9碘甘油或龙胆紫溶液、磺胺软膏、四环素软膏和蜂蜜等进行涂擦。全身反应明显时,用青霉素 40 万～80 万 U,链霉素 100 万 U,肌肉注射,每天 2 次,连用 3～5 d;亦可服用磺胺类药物。

中药疗法:可用冰硼散、青黛散(青黛 9 g、云黄连 6 g、薄荷 3 g、桔梗 6 g、儿茶 6 g 研为细末),装入长形布袋内口含或直接撒在口腔内,每日 1 次,效果较好。对于口炎引起的肺炎时,使用下列中药配方,花粉、黄芩、枝子、连翘各 30 g,黄柏、牛蒡子、木通各 15 g,大黄 24 g,将药研为末,加入芒硝 60 g,开水冲调,10 只羔羊温开水分灌。

(十一)肺炎

本病为支气管与肺小叶或肺小叶群同时发生炎症。一般由支气管炎症蔓延引起。一般分为小叶性肺炎和吸入性肺炎。小叶性肺炎初期表现出咳嗽,体温升高,呈弛张热型,高达 40℃以上;呼吸浅表、增数,呈混合性呼吸困难。呼吸困难的程度,随肺脏发炎的面积大小而不同,发炎面积越大,呼吸越困难,呈现低弱的痛咳。肺脓肿常呈现散在性的特点,是小叶性肺炎没有治愈,化脓菌感染的结果。病羊呈现间歇热,体温升高至 41.5℃;咳嗽,呼吸困难。吸入性肺炎是羊偶将药物、食糜渣液、植物油类误咽入气管、支气管和肺部而引起的炎症。其临床特征为咳嗽、气喘和流鼻涕,肺区有捻发音。

防治措施:

小叶性肺炎,应加强饲养管理,增强机体抗病能力,各个圈舍按要求来饲养羊只头数,防止饲养密度过大。羊圈舍通风良好,干燥向阳;冬季保暖,春季防寒,以防感冒的发生。平时应注意供给蛋白质、矿物质、维生素含量丰富的饲料;新引进的羊只不要急于喂精料,应多喂青料或多汁饲料。吸入性肺炎,加强饲养管理,保持圈舍卫生,防止吸入灰尘。勿使羊受寒感冒,杜绝传染病感染。插胃管防止误插入气管中。

小叶性肺炎,对该病采取青霉素为主的综合疗法。青霉素 80 万 U 肌肉注射,每日 1～2 次,连续 4～7 d,同时用青霉素 40 万 U、0.5％普鲁卡因 2～3 mL 进行气管注射,每天或隔天 1 次,注射 2～5 次,并配合应用泻肺平喘、镇咳祛痰等中药(如葶苈 9 g、贝母 6 g、元参 9 g、远志 3 g、杏仁 2 g、甘草 1.5 g)。对于咳嗽严重不能投水剂的病羊,做成舐剂投服。

肺脓肿时,可应用 10％磺胺注射液 20 mL 静脉注射;或改用四环素 0.5 g 加入输液中,静脉注射。

在治疗过程中应重视维持病羊的心脏机能以及其他对症疗法。为此,除交互应用强心剂、咖啡因和樟脑油外,可用葡萄糖、葡萄糖氯化钙以及酒精葡萄糖酸钙注射液静脉注射,以维持心脏机能和全身营养。对食欲不良的病畜应用健胃剂。

食饵疗法,甚为重要。每日早晚将病羊牵出放牧。这对于促进食欲和加速健康的恢复能起良好的作用。

吸入性肺炎,消炎止咳:可应用 10％磺胺嘧啶 20 mL,或用抗生素(青霉素、链霉素)肌肉注射;氯化铵 1～5 g、酒石酸锑钾 0.4 g、杏仁水 2 mL,加水混合灌服。亦可应用青霉素 40 万～80 万 U、0.5％普鲁卡因 2～3 mL,气管注入。解热强心:可用复方氨基比林或水杨酸钠 2～5 g,口服;10％樟脑水注射液 2 mL,肌肉注射。

(十二)山羊长途运输应激综合征

山羊长途运输应激综合征多发生于经过长途运输的山羊,应激期一般为 5～15 d,山羊经过长途运输 3 d 后逐步散发或群发本病,3 d 内也有发病,一年四季均极易流行发生。其临床症状表现体温升高,流眼泪,流鼻涕,咳嗽,气喘,腹泻,胀气,精神不振,喜卧,食欲减退,严重者出现食物废绝,病程较长,发病率和死亡率很高。

防治措施:

(1)经过长途运输的山羊,到场 3 d 内切忌提供大量的饮水和草料,未度过应激期注意不要加喂精料。

(2)黄芪多糖预混剂和复合电解质多种维生素预混剂(按市售商品说明书

使用)适量溶于等渗葡萄糖口服液中饮服。

(3)每天每只口服清瘟败毒散 50～100 g。

(4)牧迪优菌(多种微生态制剂)拌料饲喂(500 g 拌料 100 kg)。

治疗方法：

无特效治疗药物，发病时综合对症治疗。

(十三)尿结石

尿结石是在肾盂、输尿管、膀胱、尿道内生成或存留以碳酸钙、磷酸盐为主的盐类结晶，使羊排尿困难，并由结石引起泌尿器官炎症的疾病。该病以尿道结石多见，而肾盂结石、膀胱结石较少见。其临床特征为排尿障碍，肾区疼痛。尿结石常因发生的部位不同而症状也有差异。尿道结石，常因结石完全或不完全阻塞尿道，引起尿闭、尿痛、尿频时，才被人们发现。病羊排尿努责，痛苦咩叫，尿中混有血液。尿道结石可致膀胱破裂。膀胱结石在不影响排尿时，不显临床症状，常在死后才被发现。肾盂结石有的生前不显示临床症状，而在死后剖检时，才被发现有大量的结石。肾盂内多量较小的结石，可进入输尿管，使之扩张，可使羊发生疝痛症状。

防治措施：

平时要注意尿道、膀胱，肾脏炎症的治疗。控制谷物、麸皮、甜菜块根的饲喂量。饮水要清洁。

药物治疗，一般无效果。对种羊，可在尿道结石时施行尿道切开术，摘出结石。由于肾盂和膀胱结石可因小块结石随尿液落入尿道，而形成尿道阻塞，因此，在施行肾盂及膀胱结石摘出术时，要慎重权衡手术成本和种羊价值做出决定。

(十四)羔羊白肌病

羔羊白肌病也称肌营养不良症，是伴有骨骼肌和心肌组织变性，并发生运动障碍和急性心肌坏死的一种微量元素缺乏症。其特征为生后数周或 2 个月后发病。患病羔羊弓背，四肢无力，运动困难，喜卧地。病羔精神不振，运动无力，站立困难，卧地不愿起立；有时呈现强直性痉挛状态，随即出现麻痹，血尿；

死亡前昏迷,呼吸困难。也有羔羊病初不见异常,往往于放牧时由于惊动而剧烈运动或过度兴奋而突然死亡。该病常呈地方性同群发病,应用其他药物治疗不能控制病情。死后剖检骨骼肌苍白,营养不良。尿呈淡红色、红褐色,尿中含蛋白质和糖。

防治措施:

尤其是缺硒地区,要注意饲料中硒的添加。如在羔羊出生后 20 d 左右,开始可用 0.2% 亚硒酸钠溶液 1 mL,皮下或肌肉注射,间隔 20 d 后再注射 1.5 mL。注射开始日龄不超过 25 d。给怀孕母羊皮下注射一次亚硒酸钠,剂量为 4～6 mg,预防新生羔羊白肌病效果较好。加强母畜饲养管理,供给优质豆科牧草,母羊产羔前补硒,可收到良好效果。

应用 0.2% 亚硒酸钠溶液 2 mL,颈部皮下注射,隔 20 d 再注射 1 次,连用 2 次,也可同时肌肉注射维生素 E 10～15 mg,则疗效更佳。

可用氯化钴 3 mg、硫酸铜 8 mg、氯化锰 4 mg、碘盐 3 g,加水适量,灌服,并辅以维生素 E 注射液 300 mg 肌肉注射,效果更佳。

四、山羊常见的产科病

(一)流产

母羊怀孕后,一旦发现有先兆性流产或习惯性流产者,应及时治疗。发生先兆性流产时,母羊腹痛、不安、咩叫、呼吸和脉搏加快。

防治措施:

治疗的原则是安胎,可采取以下措施。

(1)肌肉注射黄体酮(孕酮)。每只羊 10～15 mg,每天 1 次。

(2)镇静。可内服或肌肉注射氯丙嗪,每千克体重 1 mg,每天 3 次。

(3)人绒毛膜促性腺激素。每天每只羊肌肉注射 100～200 U,配合硫酸镁等镇静剂一起使用效果更好。

(4)助产。如果流产已势在必行,则应该及时引产、助产,以利以后的繁殖生产。

（二）难产

分娩时，产程超过 4 h 尚未见娩出第一个胎儿，则应迅速进行人工助产，山羊的胎儿产出时间为 30 min 到 4 h，双胎间隔 5～15 min。发生难产的原因主要是胎位不正、胎儿过大、子宫收缩无力、子宫颈或骨盆腔狭窄等。助产时，首先将母羊保定好，然后用消毒药将助产人员手臂、母羊的外阴周围以及助产的钩子、绳子等彻底消毒。再将手伸入产道进行检查，确诊到底属于哪类型的难产，是胎儿过大、胎位不正还是产道狭窄，最后根据母羊的身体状态和难产类型，确定使用哪一种助产方法。常用的助产方法有如下几种。

（1）药物催产。适用于子宫收缩无力造成的难产，对这种难产，可皮下或肌肉注射催产素或垂体后叶素 10～20 U。

（2）牵引拉出。对于胎位异常或胎势不正造成的难产，在仔细检查后将胎位、胎势矫正，用绳子拴住某一肢蹄或用钩子钩住下颌、眼眶、鼻孔等处向外牵拉即可。

（3）截胎。如果确诊胎儿已经死亡，则可用刀、剪刀等将影响胎儿通过产道的部分截除。

（4）剖腹产。对于胎儿过大、子宫颈或骨盆腔狭窄，尤其是胎儿尚活着的时候，应及时实施剖腹产手术，争取使母子存活。

（三）假死

假死是指刚产出的羔羊由于窒息而呈呼吸困难或无呼吸而仅有心跳，如不及时抢救，往往造成死亡。

对假死羔羊进行急救，先用干布擦净羔羊的鼻孔及口腔内的羊水。为了诱发呼吸反射，可用草秆刺激鼻腔黏膜，或用浸有氨水的棉花放在鼻孔上，若仍不见效，可将其倒提起来抖动，并有节律地轻压胸腹部以诱发呼吸，同时使呼吸道内的液体流出。

（四）产后瘫痪

产后瘫痪是指母羊突然发生的急性神经障碍性疾病，以知觉丧失和四肢瘫痪为特征。最初症状常出现于分娩之后 1～3 d,少数的例外。病初全身抑郁,食欲减退,反刍停止。病羊后肢软弱,步态不稳,甚至摇摆。有的羊弓背低头,蹒跚走动,呼吸常见加快。有些病羊往往死于没有明显症状的情况下,如有的羊在晚上完全健康,而次晨却死亡。

预防措施:

(1)在母羊妊娠期间应饲喂富含矿物质的饲料,且矿物质比例要平衡。如单纯饲喂钙物质,没有较好的预防效果,须同时给予维生素 D,则效果较好。

(2)产前应保持怀孕羊的适当运动,但不能过于劳累。

(3)在分娩前数日和产后 1～3 d 内,每天补蔗糖 15～20 g。

治疗方法:

以提高血钙和防止钙的流失为主,辅以其他疗法。

(1)补钙疗法:用 20％～30％葡萄糖酸钙溶液(以 4％硼酸溶液为溶媒,可增加钙的溶解,且使性质稳定),缓慢静脉注射 50～100 mL(至少需 10～20 min)。也可用 10％葡萄糖酸钙溶液静脉注射,每只羊每次 10～50 mL。

(2)乳房送风疗法:此种方法是将空气打入乳房,使乳腺受压,引起泌乳减少或暂停,以使血钙不再流失。将乳房、乳头消毒,把乳汁挤净,然后将消毒的乳导管经乳头管插入并稳定,随即安上乳房送风器,手握橡皮球,慢慢打入空气,待乳房皮肤紧张,弹击呈鼓响音后,拔出乳导管,用纱布条轻轻扎住乳头或胶布贴住,以不使空气逸出,如此逐个进行完每个乳室。有乳房炎时,应给予抗生素治疗,再注入 1％碘化钾溶液后,再行打气。

(3)补磷:一般地,钙磷比例在动物的机体内要均衡,当病羊输钙后,其比例失调,此时可用 20％磷酸二氢钠溶液 500 mL,一次静脉注射,治疗效果较好。

(4)补糖:随着钙的补给,血中胰岛素的含量很快提高而使血糖降低,有引起低血糖的危险,因此在补钙过程中应同时注意补糖。

(五)胎衣不下

胎衣不下是指孕羊产后 4～6 h,胎衣仍排不下来的疾病。病羊常表现弓背努责,食欲减少或废绝,精神较差,喜卧地,体温升高,呼吸及脉搏增快。胎衣久久滞留不下,可发生腐败,从阴户中流出污红色腐败恶臭的恶露,其中混有灰白色未腐败的胎衣碎片或脉管。当全部胎衣不下时,部分胎衣从阴户中垂露于后肢跗关节部。

防治措施:

平时应饲喂钙及维生素丰富的饲料。舍饲时要适当增加运动时间,临产前一周减少精料,分娩后让母羊自行舔干羔羊身上的黏液。分娩后应立即补液,可加些钙制剂,如静脉注射葡萄糖酸钙溶液,或饮益母草当归水。

(1)药物疗法。病羊分娩后不超过 24 h 的,可应用垂体后叶素注射液、催产素注射液或麦角碱注射液 0.8～1 mL,一次肌肉注射。

(2)手术剥离法。应用药物方法已达 48～72 h 仍不奏效者,应立即采用此法。宜先保定好病羊,按常规准备及消毒后,进行手术。术者一手握住阴门外的胎衣,稍向外牵拉;另一手沿胎衣表面伸入子宫,可用食指和中指夹住胎盘周围绒毛成 1 束,以拇指剥离开母子胎盘相互结合的周围边缘,剥离半周后,手向手背侧翻转以扭转绒毛膜,使其从小窝中拔出,与母体胎盘分离。子宫角尖端难以剥离,常借子宫角的反射收缩而上升,再行剥离。最后宫内灌注抗生素或防腐消毒药液,如土霉素 2 g,溶于 100 mL 生理盐水中,注入子宫腔内;或注入 0.2%普鲁卡因溶液 30～50 mL。

(3)自然剥离法。不借助手术剥离,而辅以防腐消毒药或抗生素,让胎膜自溶排出,达到自行剥离的目的。可于子宫内投放土霉素(0.5 g)胶囊,效果较好。

(4)中药。可用当归 9 g、白术 6 g、益母草 9 g、桃仁 3 g、红花 6 g、川芎 3 g、陈皮 3 g,共研细末,开水调后灌服。当体温高时,宜用抗生素注射。

五、山羊常见的中毒病

(一)中毒

羊与其他动物一样,有时不能辨别有毒物质而误食,从而引起中毒。采取预防中毒的措施有不喂有毒植物;禁喂霉变饲料饲草;饲料饲草应晒干保存,储存的地方应干燥、通风；喂前要仔细检查，如果发现霉变应废弃掉。防止水源性中毒：对喷洒过农药和施用过化肥的农田所排的水，不应当作羊的饮水。一旦发现羊中毒，首先要查明原因，及时进行救治。

防治措施：

(1)排除毒物。中毒的初期可用胃导管洗胃，用温水反复冲洗，以排除胃内容物。如果中毒发生的时间较长，应及时灌服泻剂。常用盐类泻剂，如硫酸钠(芒硝)或硫酸镁(泻盐)，剂量一般为 $50\sim100$ g。大多数有毒物质常经肾脏排泄，所以利尿对排毒有一定效果，可使用强心剂、利尿剂，内服或静脉注射均可。

(2)使用特效解毒药。确定有毒物质的性质，及时有针对性使用特效解毒药，如酸类中毒可服用碳酸氢钠、石灰水等碱性药物；碱类中毒常内服食用醋；亚硝酸盐中毒可用 1% 的美蓝溶液按每千克体重 0.1 mL 静脉注射；氰化物中毒可用 1% 的美蓝溶液按每千克体重 1.0 mL 静脉注射；有机磷农药中毒时可用解磷定、氯磷定、双复磷解毒。

(3)对症治疗。为了增强肝、肾的解毒能力，可大量输液；心力衰竭时可用强心剂；呼吸困难时可使用舒张支气管、兴奋呼吸中枢的药物；病羊兴奋不安时，可使用镇静剂。

(二)氢氰酸中毒

氢氰酸中毒是由于羊采食或饲喂了含有氰苷配糖体的植物而引起的中毒病。氢氰酸中毒发生迅速，病羊很快出现症状，表现兴奋不安，流涎，腹痛，口流泡沫状液体，呼吸、心跳次数增加，可视黏膜呈鲜红色(由于体内的氧不能被组织利用而蓄积于静脉血中，使静脉呈鲜红色，这与亚硝酸盐中毒，血液呈暗褐色有明显的区别)，常呼出带有杏仁味的气体。病羊很快转入沉郁状态，表现极度衰弱，粪尿失禁，四肢发抖，肌肉痉挛，发出痛苦的叫声，随即昏迷死亡。

预防措施：

(1)如用含有氰甙的高粱苗、玉米苗、胡麻苗等作饲料喂羊时，应经过水浸 24 h 或用 0.12%～0.15% 盐酸水溶液加入亚麻籽饼中去煮，也可在发酵后再喂饲,要少喂、勤喂,一次不给过多。

(2)禁止到生长有氰苷植物的地区放牧。

(3)注意氰化物农药的管理,避免羊误食。

治疗方法:

发病后迅速用亚硝酸钠 0.2～0.3 g,加入 10％葡萄糖 50～100 mL,缓慢静脉注射;然后再用 10％硫代硫酸钠溶液 10～20 mL,静脉注射。也可配合口服 0.1％高锰酸钾溶液 100～200 mL,或内服 10％硫酸亚铁溶液 10 mL。在治疗过程中,可以配合使用强心剂、维生素 C、葡萄糖,采用洗胃(0.1％高锰酸钾溶液)和催吐(1％硫酸铜溶液)的方法等进行治疗。

(三)有机磷中毒

有机磷中毒是由于羊接触、吸入或食入某种有机磷制剂,进入机体组织而引起的全身中毒性疾病。病羊临床以流涎、腹泻和肌肉强直性痉挛等副交感神经系统兴奋为特征。病羊表现精神沉郁或狂躁不安,流涎,流泪,咬牙,口吐白沫,瞳孔缩小,眼球颤动,食欲消失,腹痛,反刍停止,严重的拉稀,粪便带血,心跳、呼吸次数增加,呼吸困难,体温一般正常;全身发抖,痉挛,运动失调后失去平衡,步态不稳,卧地不起,如不及时抢救,因呼吸肌麻痹而窒息死亡。

预防措施:

(1)健全农药的保管使用制度。使用农药处理过的种子和配好的溶液要妥善保管好;喷洒过有机磷的植物茎叶等用作饲料时必须在停药后 10 d 左右并用清水冲洗干净。

(2)配制及喷洒农药的器具不可随便乱放,喷洒过农药的地方要有醒目标记,在 1 个月内禁止放牧或割草。

(3)应用敌百虫等驱虫,要正确掌握剂量、浓度和使用方法:勿与碱性药物同服。

治疗方法:

(1)清除毒物:灌服盐类泻剂,尽快清除胃内毒物。可用硫酸镁或硫酸钠 30～40 g,加水适量一次内服。

（2）解毒：应用特效解毒剂，可用解磷定、氯磷定，按每千克体重 15～30 mg 溶于 5% 葡萄糖 100 mL 内，静脉注射。以后每 2～3 h 注射 1 次，剂量减半，根据症状缓解情况，可在 48 h 内重复注射；或用双解磷、双复磷，其剂量为解磷定的 1/2，用法相同；或用硫酸阿托品，按每千克体重 10～30 mg 肌肉注射。症状不减轻可重复应用解磷定和硫酸阿托品。

（3）对症治疗。在解毒治疗过程中，尚需根据病情对症治疗。如呼吸困难的病羊要注射氯化钙针剂；心脏及呼吸衰弱时注射尼可刹米；为了制止肌肉痉挛，可应用水合氯醛或硫酸镁等镇静剂。

（4）中药治疗：可用银花、甘草各 120 g，明矾 60 g，水煎灌服；或防风 60 g、绿豆 250～500 g，水煎灌服；或甘草 120 g、绿豆 250～500 g，水煎灌服；或银花 60 g，扁蓄草、铁马鞭、细叶红辣蓼、金鸡花各 45 g，水草蒲 30 g，金鸡尾 45 g，用水煎灌服，日服 1 剂，连用 2～3 剂。

（四）尿素等含氮物中毒

本病为误食含氮化学肥料，或利用尿素和铵盐等非蛋白氮作为饲用蛋白质饲料时超过了规定用量所引进的中毒。发病较急，一般采食后 20～30 min 发病，表现为混合困难，呼出气有氨味，大量流涎，口唇周围挂满泡沫，瘤胃胀气，腹痛，呻吟，肌肉颤抖，最后出汗，肛门松弛，倒地死亡。

预防措施：

（1）平时应防止羊只偷食或误食含氮化学肥料。

（2）在利用尿素做非蛋白氮饲料时，必须将尿素等含氮物与饲料充分混合均匀，而且每次喂尿素时，1 h 以内不得让羊只饮水。

（3）不能单纯喂给含氮补充物（如粉末或颗粒），禁止混于饮水中饲喂。

（4）在补充尿素等含氮物时，添加量应从少到多，必须使羊有一个习惯补充含氮物的过程。如在开始少喂，在 10～15 d 内达到标准规定量。如果饲喂过程中断，下次再喂时仍然要使羊有一个逐渐适应的过程。

治疗方法：

以中和瘤胃内碱性物质，降低脲酶活性为治疗原则。因此在治疗时一般选用酸性物质,如用食醋 0.5～1 kg 加水 2 倍,一次内服,加入 250 g 红糖疗效更好。也可用 25% 葡萄糖 1 500～2 000 mL、10% 安钠咖 30～40 mL、维生素 C 3～4 g、维生素 B_1 600～1 000 mg 混合,一次静脉滴注。